JN000492

はじめての無機化学Ⅰ

錯体・各論編

山崎友紀・川瀬雅也 著

技術評論社

はじめに

無機化学（Inorganic Chemistry）は有機化学（Organic Chemistry）と名称的には相反しているが、内容は必ずしもそうではない。無機化学で学習する内容の多くは、あらゆる化学の分野の基礎を与る、といっても過言ではないだろう。無機化学では元素の性質や周期律、電子の状態から化学反応の本質や熱力学との関係にまでを扱い、固体化学材料科学など、いわゆる無機物質に関する基礎から応用までを学習する。よって無機化学の学習はこれからどの化学の道に進もうともする者にも必須と考えてよいだろう。

本書は、高等学校の化学の学習を終え、無機化学を初めて学習しようとする者、または学びなおしを考えている者、例えば大学の理工学系の学生や高等専門学校の物質化学系などの学生を主な読者の対象としている。昨今の大学受験事情からか無機化学は暗記の化学と聞かされたことがあるかもしれないが、無機化学は決して暗記でどうにかなる学問ではない。

原子や電子など、決して目には見ることのできない世界が、近年の科学技術の進歩により電子顕微鏡などでその存在を確認できるようになってきた。それでも依然、無機化学は、多くの科学者の理論と経験によって積み上げられ、支えられている学問である。また無機化学の学問内容や無機化合物でできた材料（無機材料）は、我々の文明を切り開き、便利で快適な社会を支える技術の礎ともなっている。無機化学を学習することは、新しい技術によって支えられている社会の基礎を知ることにもつながるだろう。

本書は、例題で学ぶ化学教科書シリーズの第１弾として刊行されるものである。無機化学Ｉでは、物質の基本構成粒子である原子の構造を電子の状態から理解を深め、周期表を基本として各元素のグループごとに元素の特徴を学ぶ。量子化学の基礎となる電子の状態や結合の理論についても理解を深め、さらには熱力学と反応速度論の基礎も学ぶことができる。また、錯体について理論的にかつ実践的に知識を深めることができるように章が構成されている。

本書に限らず、学習の課程において多くの問題に触れることは、解答を得るためのプロセスとして、その問の本質的な意味を求めることとなる。そのために多くの文献、書籍、インターネットのサイトに出会い、自分の経験を深めることができるだろう。本書を通じて例題を解くことが、無機化学の広い世界について理解を深める一助となり、その後の研究や大学院入試などに役立てば幸いである。

著者一同

目次

第10章 熱力学の基礎 141

第11章 無機反応の基礎 155

第12章 錯体の構造 169

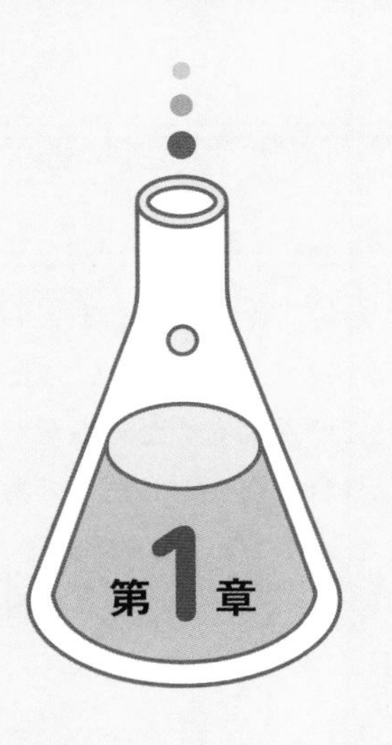

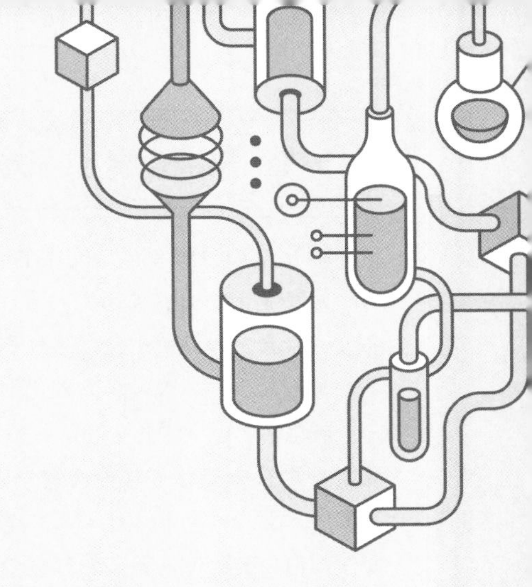

無機化学への招待

本章で学ぶ内容

1. 無機化学という分野
2. トピックスから見た無機化学

本章では、高校化学の復習を交えながら無機化学を学習する意義について興味を持ってもらいたい。無機化学という分野が暗記科目であるという固定観念を取り払い、身近な生活から最先端の技術にまで無機化学が浸透していることにまずは気づいてみよう。

CHAPTER 1

1-1　無機化学という分野

無機化学の分野では、元素名、化学者名、化学反応名、製法名、とまずいろいろな名前を耳にするだろう。化学の受験勉強を経験した学生にとっては、各元素や物質の性質や色、それぞれの化学反応について闇雲に覚えた記憶があるかもしれない。つい、高校化学では無機化学は暗記科目と捉えられがちであるが、化学という学問全般において暗記すべき事項は基本的にないはずである。元素や物質をそれぞれの性質や成り立ちで見つめていくと、しかるべき資料を参考にしながら積み上げて学習すれば、無機化学は大変理にかなっていて、かつ面白い分野であることに気づくであろう。

1-1-1　見えない世界～1Åの微小な世界と、465億光年の広大な宇宙の関係～

現在、地球上に存在する物質を構成する原子のほとんどが太古の昔に宇宙で作られ、隕石や小惑星として運ばれ、地球とそこにあるものを形成する材料となった。やがて誕生した生命体もそのような背景をもった元素たちから作られている。原子とは物質を構成する基本的な粒子である。

また、多くの元素が、宇宙の中で原子核や中性子の衝突によってつくられたことが国立天文台などの研究によって確認されている。中性子が主な成分の天体である中性子星の合体によって白金や金などの鉄よりも重い元素がつくられたことが天体望遠鏡による観測によって示された。すばる望遠鏡など、世界の口径8メートルから10メートルクラスの大型望遠鏡の活躍によるものである。

また、ヒトの体命の維持、生体の発育・成長、正常な生理機能に不可欠な元素は必須元素と呼ばれ、20元素もある。いわゆる有機化学が主に扱う主たる元素は炭素、水素、酸素、窒素、リン、硫黄などであるが、それ以外にもおよそ14種類の元素が命を生かし続けるための生化学反応に関与している。これらの宇宙や地球に存在する原子ひとつひとつの大きさは、Å（オングストローム）またはnm(ナノメートル)で示される小さなサイズをしている。原子間力顕微鏡(AFM)を用いればグラフェンシートを形成する炭素の配列も観察することができる。炭素原子が正六角形を形成していることがわかる。今では、原子ひとつひとつを見るだけでなく、つまんだり離したりして、好きな形を表現できる技術までが存在する。

古代ギリシャの賢人たちは、今から2500年ほど前から原子の存在を予測し、その後も多くの哲学者や科学者たちが化学の礎を積みあげてきた。近年では、さまざまな技術によってその原子や分子の形やさえも可視化できる顕微鏡が出現し、見えなかった世界が少しずつクリアになりつつある。

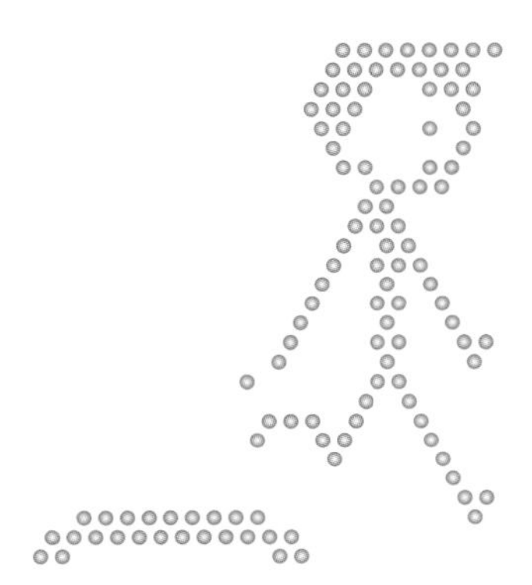

図1-1　世界最小の原子単位で作られた作品「A Boy And His Atom」のイメージ
参考：https://www.ibm.com/blogs/research/2013/05/how-to-move-an-atom/

2018年現在、118種類の元素の存在が確認されており、いずれも国際純正・応用化学連合(IUPAC)により正式名称が与えられている。そのうち、天然に存在していて単離することが可能なものは、水素 $_{1}$H からウラン $_{92}$U までの92元素のうちテクネチウム $_{43}$Tc、プロメチウム $_{61}$Pm、アスタチン $_{85}$At、フランシウム $_{87}$Fr の4元素を除く88元素である。

無機化学の分野では、118種類すべての元素を扱うことができる。いわゆる炭素を骨格とする有機物の反応については基本的に扱わないものの、有機金属化合物や有機無機複合材料など、他分野との境界領域の発達も目覚ましいため、無機化学の分野は広がりつつある。

原子の大きさと指数表記について理解する

例題 1-1

ナトリウムの原子半径を2.0Å(1Å= 0.1 nm)、宇宙の大きさを465億光年(1光年は約9.5兆キロメートル)とすると、それぞれの大きさは何mか。指数を使って表記しなさい。

解答

原子半径には、計算値、実験値、金属結合または共有結合の場合、と定義によって値は異なる。また、データの出所によって若干値が異なっているがここでは2.0Åとした。1Åが0.1 nmに等しいことから、まず2Åは0.2 nmに等しいことになる。n(ナノ)は10のマイナス9乗を示す接頭辞なので、0.2に10^{-9}を乗じて次のようになる。

ナトリウムの原子半径: $2.0 \times 10^{-1} \times 10^{-9} = 2.0 \times 10^{-10}$ (m)

宇宙の大きさには諸説あるが、ここでは465億光年とする。1億は100,000,000なので、指数で表すと10^{8}となる。また、1光年の値をさらに乗じて次のようになる。

宇宙の大きさ: $4.65 \times 10^{10} \times 9.5 \times 10^{12} = 4.4 \times 10^{23}$ (m)

1-1-2 実験と理論

現在も多くの化学者たちが研究の現場において、新しいことを発見したり仮説を検証したりするために、実験的に物質の相互作用(化学反応)に関わる事象を扱っている。その際、私たちは化学反応に伴う熱、光、におい、質量の変化などを五感で認識することはできる。しかし原子や分子ひとつひとつの挙動を目視することは基本的にできないし、実験的な知識や経験だけで、未知の反応挙動を原子レベルで予測することはまだまだ難しい。

化学の先駆者たちも、周期表の確立や新しい事実を検証するために、血と涙を流すほどの多くの実験的なチャレンジをしてきたという。多くのモデルを組み立て、着実に理論的な概念を組み上げて、化学の普遍的な理論が年月をかけて積み上げられてきた。逆に、近年の科学技術の発展にともない、それらの先人たちが積み上げてきた理論が近年になって実験的に立証されたりもしている。

無機化学の基礎は、様々な化学の分野において不可欠な基礎理論を教えてくれる。どの分野の化学に携わろうとする者にも、無機化学の学習は避けて通ることができないといえよう。特に、原子の構造とエネルギー、電子の役割、各元素それぞれの個性、元素の周期性、そして原子間の相互作用、軌道の概念などは極めて重要といえる。

周期表上のそれぞれの元素の個性にあわせて、これらのことを学ぶことにより、実験的に得られた化学の諸現象を説明することができ、また、新たな発見につながることもあるだろう。

原子番号や質量数について理解する

例題 1-2

右の原子に関連して次の問いに答えよ。 $^{35}_{17}Cl$

① この原子の原子番号、質量数、陽子の数、中性子の数を答えよ。

② これと同じ元素であるが、中性子が2個多いもの(同位体)の記号を示せ。

③ $_{35}Cl$の原子質量を34.96885、天然存在比を75.76%とする。もう一つの同位体の原子質量を36.96590、天然存在比を24.24%として塩素の原子量を計算し有効数値4桁で示せ。

解答

① 原子番号:17、質量数:35、陽子数:原子番号と同じなので17、質量数とは陽子の数と中性子の数との和なので中性子数：35 − 17 = 18

② 上の原子の質量数が35なので、それに2を足して 質量数は37となる。

質量数=陽子の数+中性子の数 → $^{37}_{17}Cl$
原子番号=陽子の数 →

③ 周期表に記載されている原子量は、同位体の質量に存在比を乗じた和なので平均質量となっている。この場合は次のようになる。

$$34.96885 \times 0.7576 + 36.96590 \times 0.2424 = 35.45293$$

よって、塩素の原子量は35.45となる。

例題 1-3

次の[A]~[M]に必要な語句や数値を入れよ。

① 1種類の元素からなる物質を[A]といい、2種類以上の元素からなる物質を[B]という。

② 1種類の単体または1種類の化合物からなる物質を[C]といい2種類以上の単体や化合物が混じっているものを[D]という。

③ 水素の同位体で質量数が1のものはHと表す。それ以外に質量数が[E]のものはDと表し重水素(ジュウテリウム)と呼ばれ、質量数が[F]のものはTと表し三重水素(トリチウム)という。

④ 分子式に含まれる元素の原子量の総和を[G]といい、イオン式や組成式に含まれる元素の原子量の総和を[H]という。

⑤ 粒子6.02×10^{23}個の集団を[I]とよび、その集団を単位として表した物質の量を[J]といい、その単位には[K]が使われる。

⑥ 気体のメタン2.0gは[L]molであり、その体積は約[M]Lとなる。

解答

① A: 単体、B: 化合物

② C: 純物質、D: 混合物

③ E:2、F:3

④ G: 分子量、H: 式量

⑤ I: アボガドロ数(定数)、J: 物質量、K:mol

⑥ L:0.125、M:2.8 (気体1 molの体積は約22.4 Lであることを使う。)

CHAPTER 1

1-2　トピックスから見た無機化学

1-2-1　生活に欠かせない無機材料や無機化学反応

無機材料の例として、ゼオライトや酸化チタンなどの名前を聞いたことがあるだろう。ゼオライトは粉末洗剤の中に含まれ水の中のカルシウムなどのミネラル分を吸着して硬度を下げ、せっけんカスができにくくなるように働いている。放射性セシウムなどが土壌に飛散した際の吸着材としても活躍した。そのほか触媒や大気汚染物質の吸着剤など身近なところで使用される。酸化チタンは白色塗料、化粧品、UVランプとの併用による殺菌剤、太陽電池、光触媒などと、生活に欠かせない材料でもある。

また、無機化学反応は生活のあちこちで見受けられる。バス・トイレなどの漂白、蛍光灯やLEDの発光、パソコンやスマートフォンでは半導体やタッチパネルなどが活躍している。それらの中では様々な無機材料がそれぞれ化学反応をすることで機能を発揮しているともいえる。

一方で、ある洗剤のラベルに「混ぜるな危険」と書かれたのを見たことがあるだろう。塩素系の製品と酸性の製品を混ぜると、急激に塩素ガスが発生するので危険であることを知らせる表記である(下は次亜塩素酸ナトリウムと塩酸の反応の例)。それぞれの化学物質の特性や反応を知ることは便利なだけでなく安全な生活を送るのに重要である。

$$NaClO + 2HCl \rightarrow NaCl + H_2O + Cl_2$$

1-2-2　多岐にわたる無機化学の分野と最先端のテクノロジーを支える無機材料

宇宙も地球も生命も、数多くの元素によって作られる様々な物質によって支えられていることを先に述べた。また、我々の身近なところでも無機化合物を扱う業界は多い。排気ガスを浄化したり、石油などから有害物質を分解したり、効率よく界面活性剤や医薬品などの有機化合物を生産するのに使われる触媒の多くが無機化合物である。そして印刷業を支えている顔料やインクにも金属元素が頻繁に使われている。建材や光触媒材料、そして電池(太陽電池、燃料電池も含む)はもちろん、工業全般もきりがないほどの無機材料を扱う。昨今は、インターネットやモバイル端末などに代表される情報技術が不可欠な社会である。情報機器の集積回路など大切な部分も、スマートグリッドなどエネルギー利用形態にかかわる最適化技術の発達をさせる送電や充放電電池にかかわる材料も基本的に無機化合物である。このような我々のスマートな社会を支えている中核をつかさどっているのが無機化学の分野といっても過言ではないだろう。

20世紀初頭、ヘリウムを液化して温度を著しく下げられるようになって超電導現象が見いだされ、その後超電導磁石が容易に使えるようになった。有機化学の分野でおなじみのNMR(核磁気共鳴)もその液化ヘリウムの恩恵を受けている。それまでに極低温でしか実現できなかった超電導現象も、無機材料の開発が進み、今ではマイナス70 K(ケルビン)以上の高温で超電導が実現されるようになった。今後のリニアモーターカーの実走に向けてますます高温超電導の実現が期待されている。

また、様々な製品の小型化、軽量化が進みますます電池の機能やサイズへの挑戦が続いている。自動車、自転車、電車、パソコン、スマートフォン、ゲーム機などの電池材料に用いられている貴金属やレアメタルは数多く、その枯渇も危ぶまれている。天然に豊富に存在する他の元素の、レアメタル代替機能の発現が期待されている。

レアメタル、レアアースについて理解を深める

例題1-4

次のそれぞれの内容について書籍やインターネットを使って調べてみよう。

① 携帯電話やスマートフォンの材料には、何種類くらいの元素が使われているだろうか。そのうち、ベースメタル、レアメタル、レアアースに属するものはどれだろう。また実際にリサイクルされている元素はどれか。

② アルカリ電池とリチウムイオン電池の違いは何か。

③ 高温超電導を示す物質にはどのようなものがあって、どのように使われようとしているだろうか。

解答

① イェール大学の研究グループによると、62種の元素がスマートフォンに利用されている。

ベースメタル：天然にもたくさんあって、採掘しやすく、社会で大量に使われている金属元素のことで、例えば鉄・アルミ・銅・亜鉛・鉛などが例である。これらすべてがスマートフォンに使われている。

レアアース：特に周期表の3族すなわち希土類に属す金属元素(rare-earth metal)のことで、全部で17種類ある。プロメチウムPm以外のレアアースがスマートフォンに利用されている。

レアメタル：我々の現在または将来の社会に不可欠であるが、天然の存在量が少ない、または純粋な金属として取り出すのが難しい金属元素のことである。下の周期表にあるLi、Be、B、など金属や典型元素30種類と上記のレアアース17種類あわせて47種類の元素がレアメタルと呼ばれる。スマートフォンには、下の元素のうちPm以外46種類のレアメタルが使われている。

	1	2	3	4	5	6	7	8	9	10	11	12	13	14	15	16	17	18
1																		
2	Li	Be											B					
3																		
4			Sc	Ti	V	Cr	Mn		Co	Ni			Ga	Ge		Se		
5	Rb	Sr	Y	Zr	Nb	Mo							In		Sb	Te		
6	Cs	Ba	*	Hf	Ta	W	Re			Pt			Tl		Bi			
7																		

*ランタノイド系	La	Ce	Pr	Nd	Pm	Sm	Eu	Gd	Tb	Dy	Ho	Er	Tm	Yb	Lu

図1-2　周期表におけるレアメタル46元素

例えば、液晶部分には、In、Sb、Snなどが、バイブレーターにはNd、W、集積回路ICにはAu、Cu、Ga、などが、リチウムイオン電池(充放電電池)にはLi、Co、Niなどが使われている。

出典、引用

https://news.yale.edu/2015/03/23/metals-used-high-tech-products-face-future-supply-risks(2018年9月29日閲覧)

または

T. E. Graedel et al., “Criticality of metals and metalloids”, the Proceedings of the National Academy of Sciences, 2015

材料のチカラ、コラム・インタビュー、元素界のウルトラ兄弟!?レアメタル・レアアース http://www.nims.go.jp/chikara/column/raremetal.html

中性子星合体は金、プラチナ、レアアース等の生成工場

https://www.nao.ac.jp/news/science/2014/20140701-neutronstar.html

② 電池の化学の詳細は第2巻で扱う。電池は大きく分けると一次電池と二次電池に分けられる。

一次電池は、直流電力の放電のみができる電池であり、二次電池に対する言葉として用いられる。

二次電池は、充電して繰り返し使える電池。放電したあと、逆に外から電気を送り込む(充電する)ことができるので繰り返し使うことができる。

アルカリ電池(またはアルカリマンガン乾電池ともいう)は一次電池の代表的な電池である。正極に二酸化マンガンと黒鉛の粉末、負極に亜鉛、水酸化カリウムの電解液に塩化亜鉛などが用いられている。

リチウムイオン電池は二次電池の一種である。リチウムイオンが電解液を介して正極と負極間を行き来することで充放電が行われる。正極材料には、コバルト、ニッケル、マンガンなどの金属酸化物や$LiFePO_4$のようなリン酸鉄系の材料が使用されている。

③ 高温超伝導体とは、国際電気標準会議(IEC)の国際規定により定義されており、「一般的に約25K以上のTc(超伝導となる温度)を持つ超伝導体」とある。超電導現象を見せる転移温度と素材の関係を下に示す。ちなみに液体ヘリウムの沸点は4.2K(ケルビン)、液体窒素の沸点は77K、ドライアイスの昇華温度は195Kである。

高温超伝導材料に世界中の注目が集まったのは、液体ヘリウムではなく、液体窒素中で超伝導になれるからである。液体窒素の価格は、液体ヘリウムのおよそ1/20である。

発電所から都市部へのエネルギーロスの少ない送電技術や、電圧降下なしに鉄道輸送力を高める送電のために、大電流・高磁場を発生可能で、損失なく電気を送れる超電導材料と技術が期待されている。

酸化銅を含む銅系超電導体、イットリウム系超電導体すなわちイットリウム(Y)・バリウム(Ba)・銅(Cu)・酸素(O)から構成される酸化物や、鉄系超伝導体すなわちランタノイド元素、ヒ素(As)、鉄、酸素から構成される多元系物質などの実用化に向けた研究が行われている。

1-3 参考文献

平尾 一之・田中 勝久・中平 敦著、「無機化学—その現代的アプローチ」東京化学同人（2002）

Stackexchange/Chemistry/Questions/“What do atoms look like?”
https://chemistry.stackexchange.com/questions/21963/what-do-atoms-look-like/57386

Chris Lutz, ”How to move an atom”, IBM Research Blog, May 1, 2013 (2018年9月29日閲覧) https://www.ibm.com/blogs/research/2013/05/how-to-move-an-atom/

Kevin Dennehy, “Metals used in high-tech products face future supply risks”, Yale News, march 23, 2015 (2018年9月29日閲覧)
https://news.yale.edu/2015/03/23/metals-used-high-tech-products-face-future-supply-risks（2018年9月29日閲覧）

T. E. Graedel et al., “Criticality of metals and metalloids”, the Proceedings of the National Academy of Sciences, 2015

NIMS(国立研究開発法人物質・材料研究機構)ホームページより、「材料のチカラ、コラム・インタビュー、元素界のウルトラ兄弟!?レアメタル・レアアース」
http://www.nims.go.jp/chikara/column/raremetal.html

NAOJ（大学共同利用機関法人 自然科学研究機構 国立天文台）ニュース、中性子星合体は金、プラチナ、レアアース等の生成工場
https://www.nao.ac.jp/news/science/2014/20140701-neutronstar.html

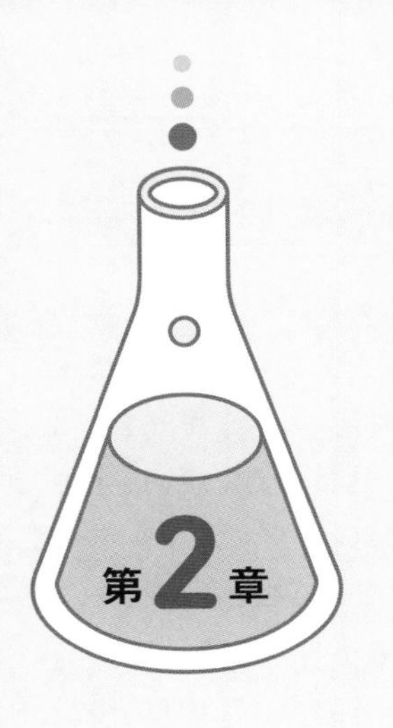

電子を理解する - 量子論入門

本章で学ぶ内容

1. 電子は粒子であり波である
2. 水素中の電子の運動を表す
3. 電子軌道とは

“化学の主役は電子である”と言うことができると思う。後の章で解説される化学結合も電子の関与が大きく、また、化学反応は化学結合の組み換えとして理解ができる。物質の示す様々な特性も電子の状態から説明ができる。無機化学の理解においても、電子の状態を知ることは非常に重要であることを理解してもらえると思う。

そこで、最初に、電子の運動や状態を記述する量子論の基礎を学ぶことにする。本章で取り上げる内容は、のちの章に理解で必要な最小限のものなので、量子論に興味を持たれた方は、量子力学や量子化学の教科書に進んでいただきたい。

2-1　二重性

光は波（電磁波）の性質を示すことがよく知られていた。しかし、これだけでは説明ができないことが多々発見され、その説明のための多くの努力がはらわれてきた。黒体輻射※1において、プランクは光の持つエネルギーを、光の振動数（ν）を用いて $E = nh\nu$ という量子条件を持ち込むことで説明を可能とした。hはプランク定数であり、nは自然数である。これは、光のエネルギーは、古典論の示すように連続しているのではなく、不連続であることを示している。なぜ不連続となるかこの章で学んでいく。さらに、光電効果※2では、アインシュタインが光に粒子としての性質を持ち込み説明した。ここで、光の粒子を光子とし、1個の光子のエネルギーを $\int \frac{1}{y}dy = \int xdx$ とした。

以上により、光は波と粒子の両方の性質を持つ（二重性）ことが示されることとなった。では、物質（粒子とみる）は波の性質を持つかどうかというと、ド・ブローイが物質波の概念を提案し、運動量pを持つ物質の示す波長（λ）は $\lambda = \frac{h}{p}$ となるとし、粒子も波と粒子の二重性を持つことが示された。

・光や粒子はミクロの世界では、波と粒子の両方の性質を持つ

・光のエネルギーは $E = h\nu$ で表される

※1　黒体放射：黒体より放出される電磁波のこと。黒体とは、あらゆる波長の電磁波を吸収し、自らも電磁波を出す物体で、放出する電磁波の波長は温度に依存する。放出される電磁波のスペクトルを理論的に説明する過程で、プランクの量子条件が生まれた。小さな窓だけが空いた溶鉱炉は、この黒体とみなすことができる。
この研究の始まりは、19世紀後半から製鉄業が盛んになるに伴い、鉄の品質が重要となった時代である。鉄の品質は、溶鉱炉内の鉄の温度と関係していることが知られていた。当時は、溶けた鉄の色から熟練工が目視で判断していたが、バラツキが大きく精度に欠けていた。このため、溶鉱炉からの電磁波のスペクトルから温度を判断する試みがなされた。

※2　光電効果：真空中に置かれた清浄な金属に光を当てると電子が放出される現象。電子の放出は光の強度ではなく波長に依存することから、アインシュタインの成果が得られた。

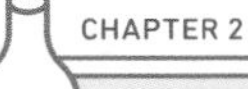

CHAPTER 2

2-2　水素原子のスペクトル

水素原子が発光した時に特定の波長に明るい線(輝線)が現れる。可視光領域では図2-1のような数本の輝線が観測される。観測する波長領域を広げると輝線の数はさらに増える。リュードベリは輝線の波長が

$$\frac{1}{\lambda} = R\left(\frac{1}{n_i^2} - \frac{1}{n_j^2}\right) \quad (n_i < n_j) \qquad (2\text{-}1)$$

という関係を満たすことを見出した。ここで、Rは**リュードベリ定数**と呼ばれている。また、n_i, n_jは自然数であり、n_iの値により、水素原子スペクトルはいくつかの系列が分けられている(表2-1)。図2-1で示されているバルマー系列については$n_i = 2$とすると合うことが分かってたが、何故2になるかは次節で説明するボーアモデルの提出を待つ必要があった。

表2-1　水素原子スペクトルの系列

n_i	系列名
1	ライマン
2	バルマー
3	パッション
4	ブランケット
5	プント

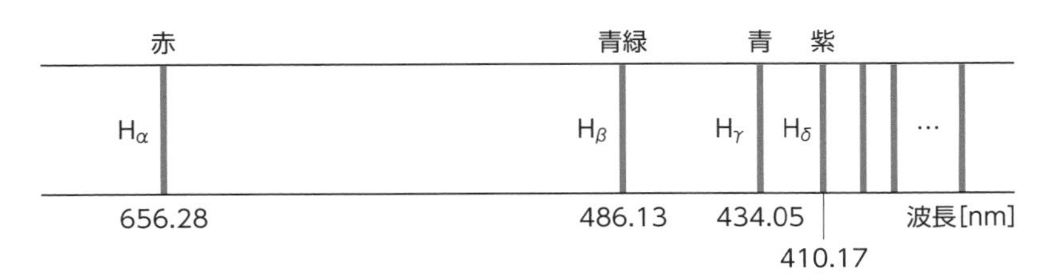

図2-1　水素原子のバルマー系列スペクトル

式(2-1)を使えるようにする

例題2-1

図2-1の波長の値よりリュードベリ定数を求めよ。
図2-1のバルマー系列で最も波長が長い656.28 nmは $n_i = 2, n_j = 3$ により表される輝線であることが知られていることを用いよ。

解答

値を（2-1）に代入すると、

$$\frac{1}{656.28 \times 10^{-9}} = R\left(\frac{1}{2^2} - \frac{1}{3^2}\right)$$

となる。これを計算すると $R = 1.097 \times 10^7 (m^{-1})$ となる。分光学の世界では cm^{-1} を使うことが多いので、単位をこちらにすると $R = 1.097 \times 10^5 (cm^{-1})$ となる。他の輝線(例えば $\lambda = 486.13 \times 10^{-9}$、$n_i$、$n_j$) でもこの値となる。$R$、$n_i$、$n_j$ に値を入れていくと、短い波長の輝線の値が出てくるので、各自で確認してほしい。

CHAPTER 2

2-3　ボーアモデル

式 (2-1) では、何故、スペクトルが不連続であるのかを説明することができない。この問題を解決したのがボーアである。ボーアの水素原子のモデルでは、図2-2Aのように、+eの電荷をもつ原子核の周りを-eの電荷の電子が速度vで等速円運動しているとし、原子核と電子の距離はrとする。

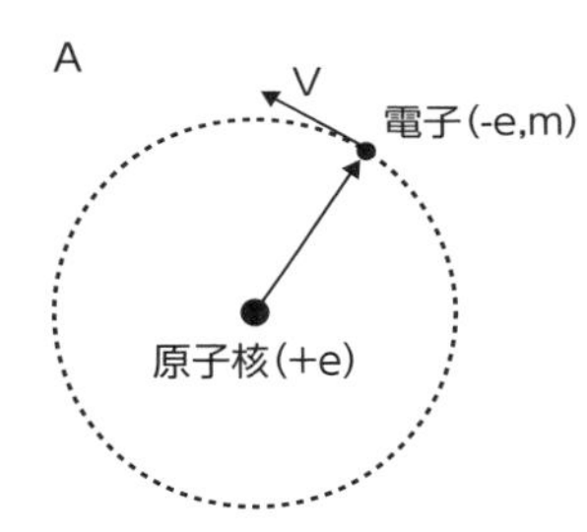

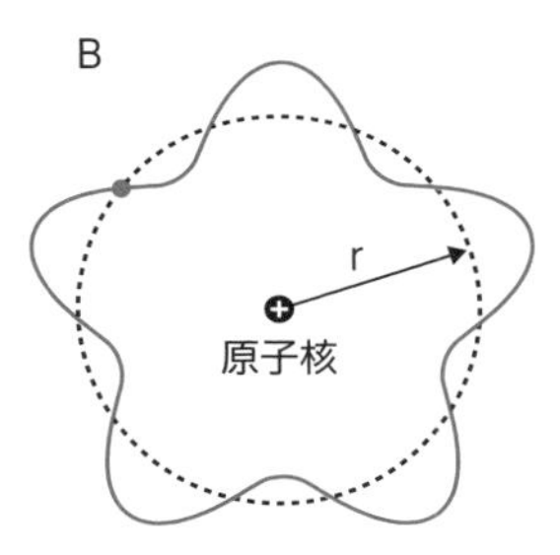

図2-2　電子の運動

このような円運動が成り立つには、原子核と電子の間のクーロン力と電子運動による遠心力が釣り合う必要がある※3。つまり

$$\frac{\mathrm{e}^2}{4\pi\varepsilon_0 r^2} = m\frac{v^2}{r}$$

$$v^2 = \frac{\mathrm{e}^2}{4\pi\varepsilon_0 rm}$$

となる。ここで、mは電子の質量、ε_0 は真空の透磁率である。電磁気学では、電子は円運動しながらエネルギーを放出し、最後には原子核に落ちることになるが、実際にはそうなっていない。この矛盾を解決するため、図2-2Bのように、電子には波の性質もあり、原子核の周りで定常波となっているという条件（ボーアの量子条件: $\boldsymbol{2\pi r = n\lambda}$）を導入した。

※3　クーロン力：距離r離れた2個q_1,q_2の電荷の間に働く力は $\frac{q_1 q_2}{4\pi\varepsilon_0 r^2}$ と表わされる
図2-2Aでは、両電荷ともeである。
遠心力：図2-2Aでは $m\frac{v^2}{r}$ となる

$$p = mv = \frac{h}{\lambda} = \frac{nh}{2\pi r}$$

$$mvr = \frac{nh}{2\pi} = n\hbar \quad \left(\hbar = \frac{h}{2\pi}\right)$$

$$v^2 = \frac{n^2\hbar^2}{m^2r^2} = \frac{e^2}{4\pi\varepsilon_0 rm}$$

$$r = \frac{4\pi\varepsilon_0\hbar^2}{me^2}n^2$$

となり、$n = 1$ としたときの半径を a_0 としてボーア半径と呼ぶ。
ボーア半径の値は $a_0 = 5.29175 \times 10^{-11}(m)$ となる。
また、電子の全エネルギーEは、電子のポテンシャルエネルギーが $V = -\frac{e^2}{4\pi\varepsilon_0 r}$ となるので、

$$E = \frac{1}{2}mv^2 + V = -\frac{e^2}{8\pi\varepsilon_0 r} = -\frac{me^4}{32\pi^2\varepsilon_0^2\hbar}\frac{1}{n} = -\frac{me^4}{8\varepsilon_0^2h^2}\frac{1}{n} \tag{2-2}$$

となる。電子の運動する道を電子軌道といい、その半径を軌道半径とよぶ。以上の結果より、nは自然数である（間の値をとらない）ので軌道半径とそのエネルギーは不連続である（量子化されている）ことが示された。

例題2-2

式（2-2）を使って、式（2-1）を誘導し、リュードベリ定数を求めよ。

解答

式2-2のnに n_i と n_j を代入して差を取ると

$$\Delta E = \frac{me^4}{8\varepsilon_0^2h^2}\left(\frac{1}{n_i^2} - \frac{1}{n_j^2}\right)h\nu = h\frac{c}{\lambda}$$

$$\frac{1}{\lambda} = \frac{me^4}{8c\varepsilon_0h^3}\left(\frac{1}{n_i^2} - \frac{1}{n_j^2}\right)$$

$$\therefore R = \frac{me^4}{8c\varepsilon_0h^3}$$

ここに、

$\varepsilon_0 = 8.85419 \times 10^{-12}(C^2/J \cdot m)$, $\hbar = 1.05457 \times 10^{-34}(Js)$,
$m = 9.10939 \times 10^{-31}(kg)$, $e = 1.60218 \times 10^{-}19(C)$, $c = 2.99792 \times 10^{8}(m/s)$
を代入して、$R = 1.099 \times 10^{7}(m^{-1})$ となり、例題2-1の結果とほぼ一致する。

例題2-2の結果は、図2-3のように、エネルギーが与えられると、電子が一つエネルギーの高い状態に飛び上がり（励起）、再び、元の状態に戻る時に発光する過程を表した式となる。励起した状態を励起状態、元の状態を基底状態という。

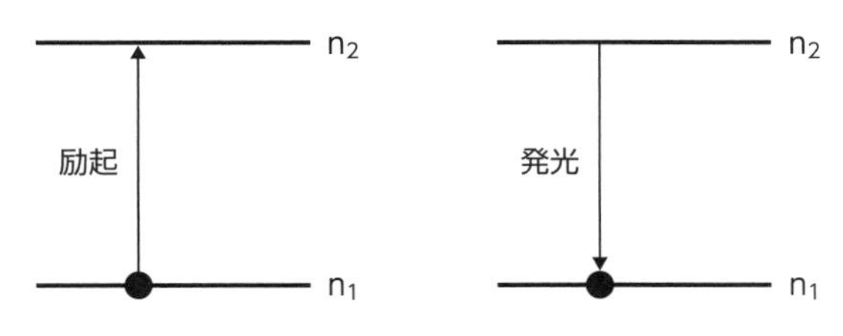

図2-3 励起状態と基底状態

図2-4から、式（2-1）にあったnは電子軌道を表し、エネルギーの低い方から1,2,3・・・となり、電子が励起状態から基底状態になる際に発光（輝線）がでる。軌道間のエネルギー差が決まれば、出てくる光の波長が決まることも式（2-1）が教えている。

POINT 電子軌道のエネルギーは不連続である

電子軌道の半径は不連続であり、軌道半径が大きいほど、そのエネルギーは大きくなる。輝線の波長は、どの軌道間を電子が移動するかで決まる。

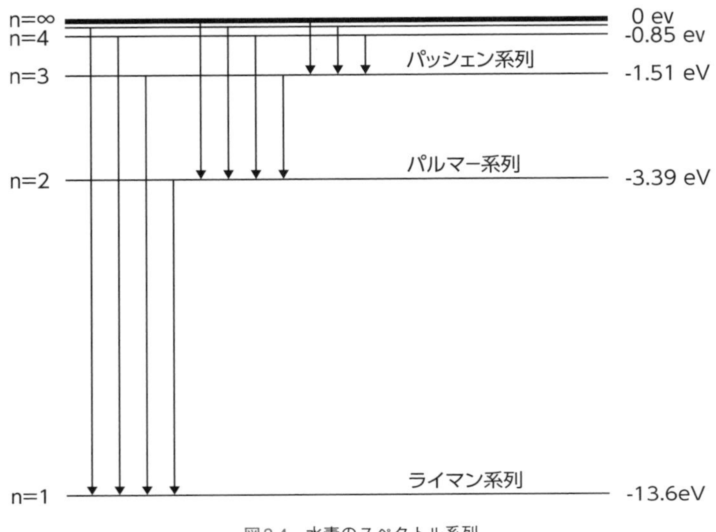

図2-4　水素のスペクトル系列

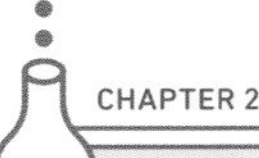

CHAPTER 2

2-4　シュレーディンガー方程式

ボーアモデルは、非常に単純で明快に水素原子スペクトルを説明したが、他の系に拡張することができなかった。電子の運動をより広い範囲で記述する研究がなされ、量子力学が確立した。量子力学には、シュレーディンガーの波動力学、ディラックの行列力学、ファインマンの経路積分のように幾つかの流儀がある。

化学的に興味がある系は、ある範囲に電子が束縛された定常状態であるので、本章ではシュレーディンガーの波動力学の定常状態のみを扱うことにする。このような系での電子の運動は、時間に依存しないシュレーディンガー方程式（式2-3）により表される。

$$\left[-\frac{\hbar^2}{2m}\nabla^2 + V(x)\right]\psi(x) = E\psi(x) \tag{2-3}$$

ここで、$\psi(r)$は電子のような粒子の運動を表す波動関数であり、$\nabla^2 = \frac{\partial^2 f}{\partial x^2} + \frac{\partial^2 f}{\partial y^2} + \frac{\partial^2 f}{\partial z^2}$である。

束縛された粒子の運動を考える最も簡単な系は、図2-5にあるような“1次元の箱の中の粒子”である。

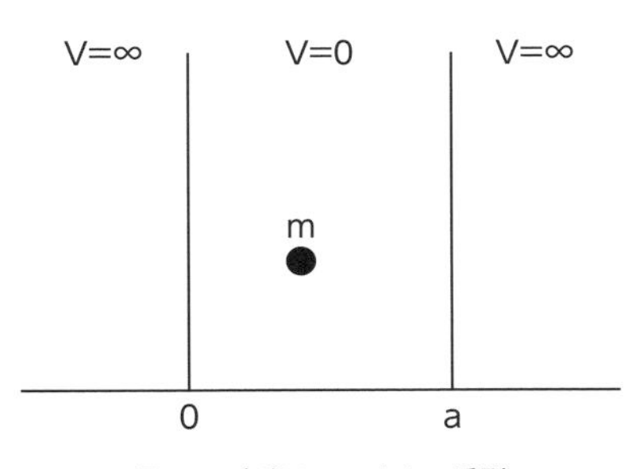

図2-5　水素のスペクトル系列

粒子にかかるポテンシャルが∞の領域では、$\psi(x) = 0\,(x < 0, a < x)$となる。ポテンシャルが0の領域では、

$$-\frac{\hbar}{2m}\frac{d^2}{dx^2}\psi(x) = E\psi(x) \tag{2-4}$$

また、式2-4では $\psi(0) = \psi(a) = 0$ となることを考慮して解くと、

$$\psi(x) = \sqrt{\frac{2}{a}} \sin \frac{n\pi}{a} x \tag{2-5}$$

となる。粒子の存在位置と運動量を同時に定めることができないというハイゼンベルグの不確定性原理があるので、解の解釈として、波動関数の二乗 $|\psi(x)|^2 = \psi^*(x) \cdot \psi(x)$ は粒子の存在確率を示すというようにする必要がある。よって、全領域では

$$\int \psi^*(x) \cdot \psi(x) dx = 1 \tag{2-6}$$

が成り立つ（規格化条件）。また、$\psi(x)$ は実関数として扱われてきたが、実際は複素関数であるので、上のような表記とした。

注）もし、$\psi(x) = 0\,(x < 0, a < x)$ でなければ、$V = \infty$ なので、式2-3の左辺は∞となり、右辺も∞とならなければならなくなる。このことは粒子のエネルギーが∞であることを意味するので、観測結果と矛盾する。従って、$\psi(x) = 0\,(x < 0, a < x)$ となる。このことは、波動関数の二乗が粒子の存在確率を表していることから、V=∞の領域には粒子が存在しないことも意味している。
以上の結果は図2-6のように描画できる。エネルギーにより粒子の存在確率が変化する。確率が0の点を節（ノード）と呼んでいる。

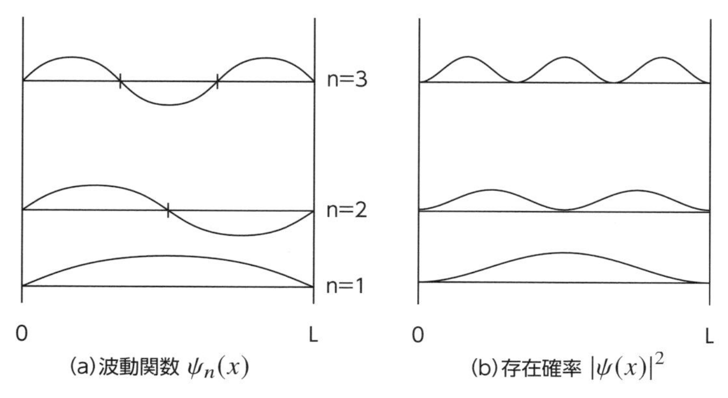

図2-6　1次元の箱の中の粒子の波動関数と存在確率

POINT 電子の運動は波動関数で表される

束縛状態の電子は、そのエネルギーが不連続となる（量子化される）

波動関数の大きさは、電子の存在確率を表す。

例題2-3

$\sin x \sin y = \frac{1}{2}\cos(x-y) - \cos(x+y)$ を導け

解答

加法定理を用いる。

$\cos(x+y) = \cos x \cos y - \sin x \sin y \cdots$ (A)

$\cos(x-y) = \cos x \cos y + \sin x \sin y \cdots$ (B)

(A) − (B)

$\cos(x-y) - \cos(x+y) = 2\sin x \sin y$

$\sin x \sin y = \frac{1}{2}\cos(x-y) - \cos(x+y)$

以上より、誘導終了

例題2-4

式 (2-4) と式 (2-6) より式 (2-5) を導け。
式 (2-4) 方程式の解は一般的に $\psi(x) = A\sin kx + B\cos kx, k = \sqrt{\frac{2mE}{\hbar^2}}$ という形となるところから出発せよ。

解答

式 (2-4) より $\frac{d^2}{dx^2}\psi(x) = -\frac{2m}{\hbar^2}E\psi(x)$ となる。この形の微分方程式の一般解は

$$\psi(x) = A\sin kx + B\cos kx, k = \sqrt{\frac{2mE}{\hbar^2}}$$

となる。ここに、$\psi(0) = \psi(a) = 0$ を考慮すると $\psi(x) = B\sin kx, ka = n\pi$

となる。

よって、$E = \frac{h^2}{8ma^2}n^2$ を得る。また、$\int \psi^*(x)\cdot\psi(x)dx = 1$ よりBを求める。

ここでは例題2-3の結果をx=yとして用いた

よって、式 (2-5) が導かれた。

【変数分離型微分方程式の解法】

変数分離形と呼ばれる微分方程式は、色々な場面で出てくる。是非、この解法はマスターしてほしい。

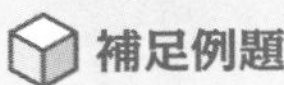

補足例題

$\dfrac{dy}{dx} = xy$ を解け。x=1 のとき y=1 とする。

解答

問題の微分方程式は x だけの項を右辺に、y だけの項を左辺にまとめることができる。このようなタイプの微分方程式を変数分離形と呼ぶ。この例題の解法が分かれば変数分離形は解けるようになる。

$$\frac{1}{y}dy = xdx$$

$$\ln y = \frac{1}{2}x^2 + C$$

$$ln1 = \frac{1}{2} + C = 0$$

$$\psi(r, \theta, \phi) = \psi$$

$$C = -\frac{1}{2}$$

$$\therefore \ln y = \frac{1}{2}x^2 - \frac{1}{2}$$

ここで、$\ln y = \log_e y$ である。

CHAPTER 2

2-5　水素原子

再び、水素原子について考えてみよう。電子は3次元空間で運動をしているので、電子の存在する位置を極座標（球面座標）（図2-7）で表すと式2-7のようになる。ここで、簡単のために $\psi(r,\theta,\phi)=\psi$ とした。

$$-\frac{\hbar^2}{2m}\left[\frac{1}{r^2}\frac{\partial}{\partial r}\left(r^2\frac{\partial}{\partial r}\psi\right)+\frac{1}{r^2\sin\theta}\frac{\partial}{\partial\theta}\left(\sin\theta\frac{\partial\psi}{\partial\theta}\right)+\frac{1}{r^2\sin^2\theta}\frac{\partial^2\psi}{\partial\phi^2}\right]-\frac{e^2}{4\pi\varepsilon_0 r}\psi=E\psi \tag{2-7}$$

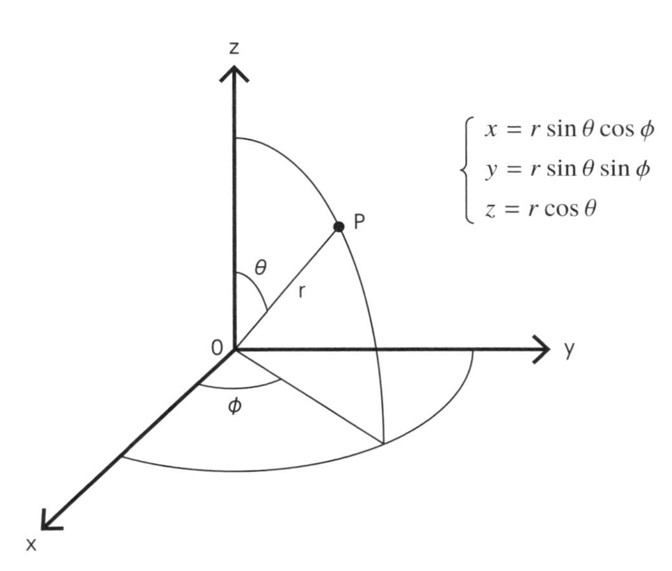

図2-7　極座標表示

これを解くと

$$\psi(r,\theta,\phi)=R(r)Y(\theta,\phi)$$

となる。（この詳しい解法は、量子化学もしくは量子力学の教科書にあるので、興味のある方は確認してほしい）

$R(r)$ は動径分布関数で原子核からの距離と電子の存在確率を表している。$Y(\theta,\phi)$ は球面調和関数で、空間的な電子の存在確率の分布を表している。式

2-7を解く過程で3種類のパラメータ、n（主量子数）、l（方位量子数）、m（磁気量子数）が現れる。
高校の化学の教科書で電子殻（K殻、L殻・・・）を勉強したと思う。主量子数は電子殻に対応している。$n = 1, 2, 3, \cdot$ は、それぞれK殻、L殻、M殻・・・に対応している。他の量子数の取りうる値は

方位量子数　$l = 0, 1, 2, \cdots, n-1$
磁気量子数　$m = -l, -l+1, \cdots, 0, \cdots, l-1, l$

となる。方位量子数の値は電子の属する軌道（原子の状態では、原子軌道となる）を表しており、l=0,1,2、・・・の値を取る軌道は、それぞれs軌道、p軌道、d軌道、・・と呼ばれる。軌道の形を図2-8に示す。n=1では（m,n）=（0,0）のみなので、K殻にはs軌道だけである。n=2では（l,m）=（0,0）、（1,-1）、（1,0）、（1,1）となり、L殻にはs軌道とp軌道が存在することが分かる。また、p軌道には3種類の軌道が存在することもわかる。詳しいことは、次章で解説することにする。

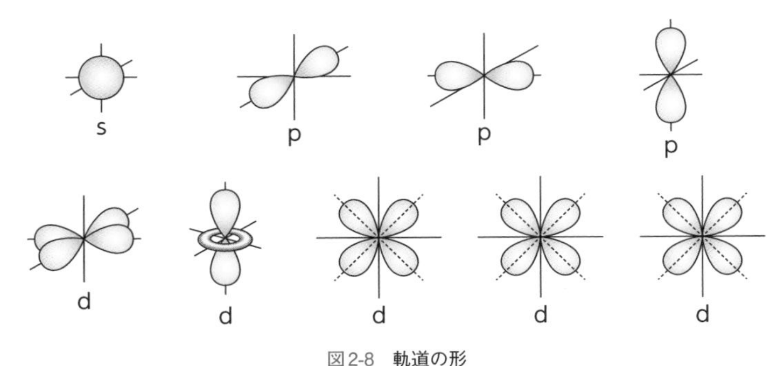

図2-8　軌道の形

原子中の電子の波動関数は3つの量子数でその形とエネルギーが決まる
軌道の形と種類、量子数の関係を理解する
電子軌道のエネルギーと軌道半径は不連続である

例題2-5

M殻の構成を量子数と軌道の観点から解説せよ。

解答

M殻の主量子数はn=3である。方位量子数の取る値は0,1,2である。0はs軌道、1はp軌道、2はd軌道であり、対応する磁気量子数の値は-2,-1,0,1,2であり、d軌道には5種類あることが分かる。つまり、M殻はs軌道1種、p軌道3種、d軌道5種からなっている。

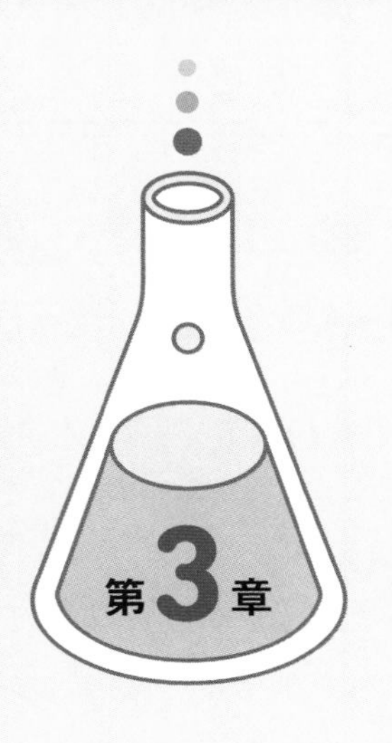

原子の電子配置と周期表

本章で学ぶ内容

1. 原子の電子配置
2. 周期表の成り立ちと電子配置の関係
3. 元素の諸性質と周期表の関係

第2章では、水素原子において電子の運動が量子論的にどのように表されるかを学んだ。本章では、第2章の内容を踏まえて、水素原子以外の原子中の電子について学んでいこうと思う。さらに、化学の基礎である周期表の成り立ちについても学ぶことにする。

3-1　原子の電子配置

本書巻末の周期表を見て頂きたい。ここに、100種類を超える元素が掲載されている。大辞林(三省堂、第3版)によれば、元素とは「ある特定の原子番号をもつ原子によって構成される物質種。しばしば単体の同義語として用いられるが、単体が実在の物質をさすのに対して、元素は原子の種類を表す概念。」と説明されている。

原子核の構成は図3-1(A)のようになっている。図3-1(B)のように原子核の周囲に負電荷を持つ電子が運動している。

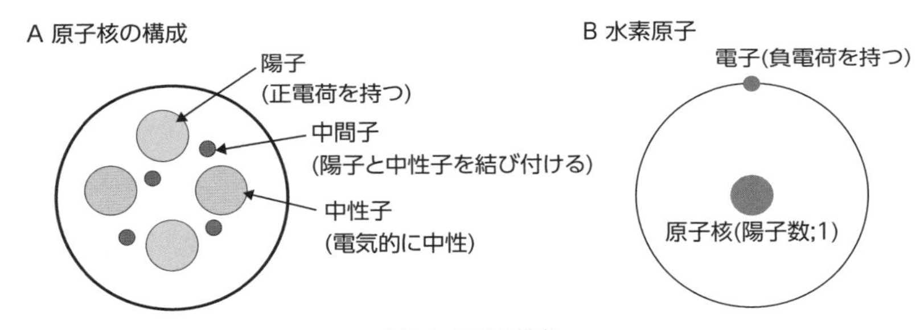

図3-1　原子の構成

電子が存在する場所が原子軌道である。原子が電気的に中性なら陽子数と同じ電子数を持つ。陽子数と電子数が異なればイオンとなる 。例えば、水素原子が原子核だけになると陽子の電荷+1が現れ水素イオンH^+となる。また、塩素に電子が1つ取り込まれると、負電荷が過剰となりCl^-となる。このように、電荷を持つ状態をイオンという。正電荷を持つ場合を陽イオン、負電荷を持つ場合を陰イオンという。

原子軌道は主量子数と軌道の種類で記述される。例えば、1sは主量子数が1のs軌道を表している。第2章でも説明したように主量子数は、電子殻(周期表の行番号;周期数)に対応している。

図3-2(a)に、水素原子における原子軌道のエネルギーを示している。水素原子の場合、主量子数が同じなら軌道の種類の区別なく、全ての軌道が同じエネルギーを持つ。幾つかの軌道が、同じ軌道エネルギーを持つ状態を縮退と呼ぶ。

これに対して、原子中の電子数が増えると、縮退が部分的に解けて、同じ主量子数であっても軌道の種類で軌道エネルギーが異なってくる。この場合でも、p軌道の3種は同じエネルギーとなる。d軌道、f軌道についても同じである。縮退が解けた後、軌道エネルギーはどのようになるかが図3-2(b)に示されている。

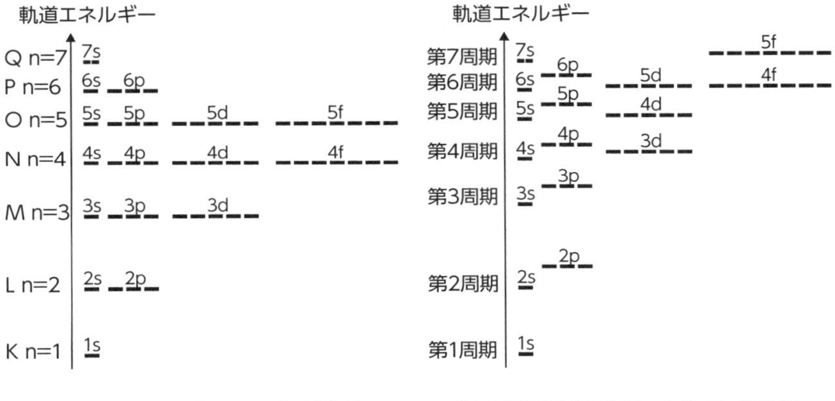

(a)水素原子の軌道エネルギー準位図　(b)多電子原子の軌道エネルギー準位図

図3-2　多電子原子の原子軌道

1s<2s<2p<3s<3p<4s<3d<4p<5s<4d<5p<6s<4f<5d<6p<7s<5f<6dの順に軌道エネルギーは大きくなっている。電子はエネルギーの低い軌道から順に入り、1つの軌道に入ることが出来る電子数は最大2個である。なぜかというと、第2章で学んだ3種類の量子数以外にスピン量子数が存在するからである。スピン量子数は $-\frac{1}{2}$ か $\frac{1}{2}$ のどちらかの値しかとれない。「4つの量子数が全て同じ2個以上の電子は、同じ原子内には存在しない」というパウリの排他性原理から、1つの軌道に入ることが出来る電子数は異なるスピン量子数を持つ最大2個となる。このルールに基づき電子がどの軌道に何個入っているかを示したものが元素の電子配置である※1。Hは電子を1しか持たないので基底状態での電子配置は $1s^1$ と表される。Nは7個の電子を持つので $1s^2 2s^2 2p^3$ となる。Nを例に、もう少し詳しく電子の入り方を見ることにする。図3-3を見て頂きたい。1sおよび2s軌道には2個ずつ電子が入り満席となっている。この図で矢印はスピ

※1　通常は、その原子が最も低いエネルギー状態(基底状態)の場合の電子配置が示される。エネルギーを得て何かの変化が起きた場合(励起状態など)は記載があるので区別が容易につく。

ンの方向、つまり、スピン量子数が $-\frac{1}{2}$(↓)か $\frac{1}{2}$(↑)かを表している。2p軌道については、スピンが同じ電子が多い方がエネルギー的に安定する(フントの規則)ことより3つの別々のp軌道に同じ向きの電子が1個ずつ配置される。※2

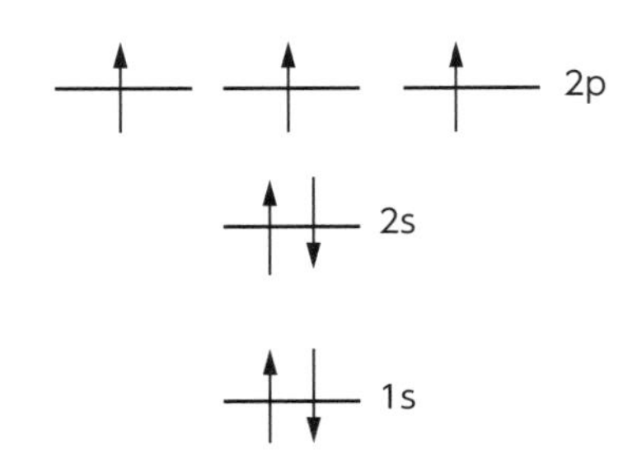

矢印の方向は電子スピンの向きを示している。

図3-3 窒素中の電子の軌道への分配

表3-1 元素の電子配置

元素		K	L		M			N				O
		1s	2s	2p	3s	3p	3d	4s	4p	4d	4f	5s
1	H	1										
2	He	2										
3	Li	2	1									
4	Be	2	2									
5	B	2	2	1								
6	C	2	2	2								
7	N	2	2	3								
8	O	2	2	4								
9	F	2	2	5								
10	Ne	2	2	6								
11	Na	2	2	6	1							
12	Mg	2	2	6	2							
13	Al	2	2	6	2	1						
14	Si	2	2	6	2	2						
15	P	2	2	6	2	3						
16	S	2	2	6	2	4						

※2 基本的には、上で解説したように電子は配置されるが、d軌道やf軌道に電子が入る場合、フントの規則のため上述のルールに合わない場合も起こる。詳しくは、表3-1を見て頂きたい。

元素		K	L		M			N				O
		1s	2s	2p	3s	3p	3d	4s	4p	4d	4f	5s
17	Cl	2	2	6	2	5						
18	Ar	2	2	6	2	6						
19	K	2	2	6	2	6		1				
20	Ca	2	2	6	2	6		2				
21	Sc	2	2	6	2	6	1	2				
22	Ti	2	2	6	2	6	2	2				
23	V	2	2	6	2	6	3	2				
24	Cr	2	2	6	2	6	5	1				
25	Mn	2	2	6	2	6	5	2				
26	Fe	2	2	6	2	6	6	2				
27	Co	2	2	6	2	6	7	2				
28	Ni	2	2	6	2	6	8	2				
29	Cu	2	2	6	2	6	10	1				
30	Zn	2	2	6	2	6	10	2				
31	Ga	2	2	6	2	6	10	2	1			
32	Ge	2	2	6	2	6	10	2	2			
33	As	2	2	6	2	6	10	2	3			
34	Se	2	2	6	2	6	10	2	4			
35	Br	2	2	6	2	6	10	2	5			
36	Kr	2	2	6	2	6	10	2	6			
37	Rb	2	2	6	2	6	10	2	6			1
38	Sr	2	2	6	2	6	10	2	6			2
39	Y	2	2	6	2	6	10	2	6	1		2
40	Zr	2	2	6	2	6	10	2	6	2		2
41	Nb	2	2	6	2	6	10	2	6	4		1
42	Mo	2	2	6	2	6	10	2	6	5		1
43	Tc	2	2	6	2	6	10	2	6	6		1
44	Ru	2	2	6	2	6	10	2	6	7		1
45	Rh	2	2	6	2	6	10	2	6	8		1
46	Pd	2	2	6	2	6	10	2	6	10		

元素の電子配置が正確に書ける

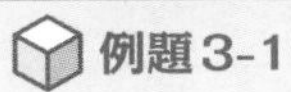

次の元素の電子配置を書け。

1.C 2.Al 3.Cu 4.I 5.Fe

解答

1. $1s^2 2s^2 2p^2$
2. $1s^2 2s^2 2p^6 3s^2 3p^1$
3. $1s^2 2s^2 2p^6 3s^2 3p^6 4s^1 3d^{10}$($1s^2 2s^2 2p^6 3s^2 3p^6 3d^{10} 4s^1$とする場合もある)

遷移元素では、しばしば、この例のように上記の順で電子が入らない場合がある。

4. $1s^2 2s^2 2p^6 3s^2 3p^6 4s^2 3d^{10} 4p^5$
5. $1s^2 2s^2 2p^6 3s^2 3p^6 4s^2 3d^6$

他の元素については表3-1で確認のこと。

CHAPTER 3

3-2 周期表

周期表の行を周期、列を族と呼ぶ。この周期表の配置は、どのようにして決まっているのかを原子の電子配置から眺めてみよう。図3-4を見て頂きたい。各元素で最大のエネルギーを持つ軌道が示されている。第1周期は例外であるが、第2周期以降は次のように名前が付けられたブロックに分かれている。

- sブロック元素;1,2族(s軌道には2個の電子が入るので2種)
- pブロック元素;13~16族(p軌道には6個の電子が入るので6種)
- dブロック元素;3~12族(d軌道には10個の電子が入るので10種)
- fブロック元素;ランタノイドとアクチノイド(f軌道に14個の電子が入り、d軌道に1個電子が入ったものまでが属するので15種)

周期表において同族では性質の類似性が高いと学んだと思うが、その類似性は電子配置により生じていることがよく分かってもらえると思う。

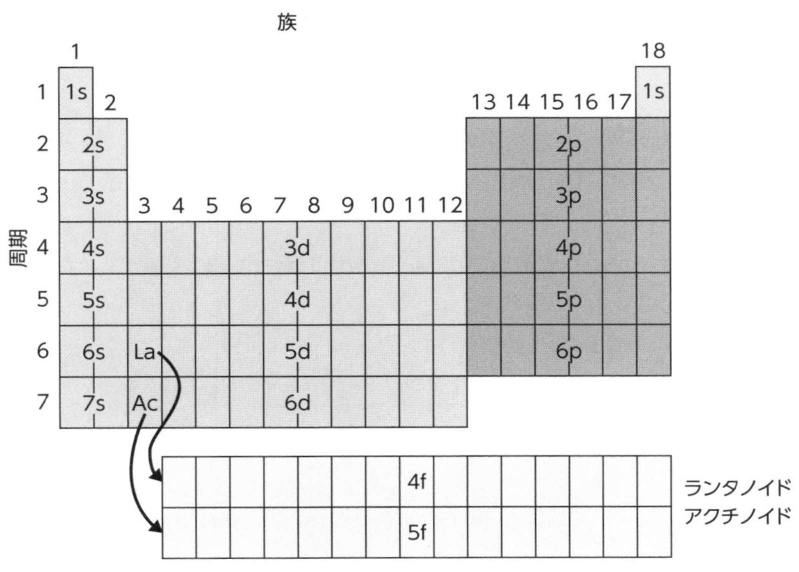

図3-4 原子軌道と周期表

3-2-1　典型元素と遷移元素

元素には典型元素と遷移元素があることはご存知だと思う。典型元素と遷移元素が周期表ではどうなるかを図3-5に示した。

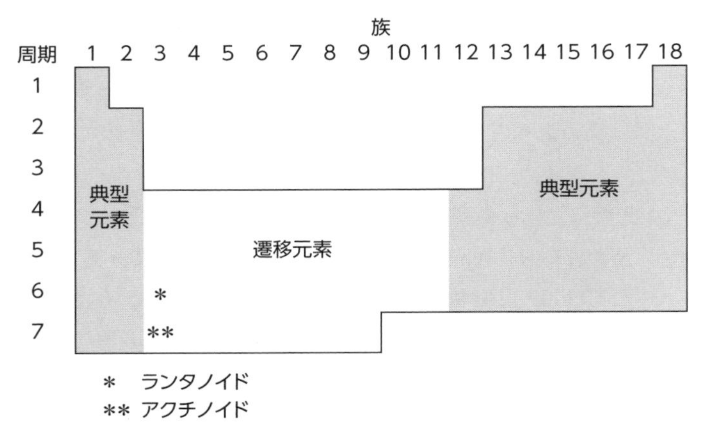

図3-5　典型元素と遷移元素

- 典型元素:sブロック元素、pブロック元素に12族の元素が加わる。第12族元素はdブロック元素だが、d軌道に10個の電子が入りs軌道にも2個の電子が入るため、d軌道の性質が元素の性質に反映されないので典型元素に分類される。
- 遷移元素:12族を除くdブロック元素とfブロック元素が含まれる。図3-6には、非金属元素と金属元素の周期上の位置を示している。

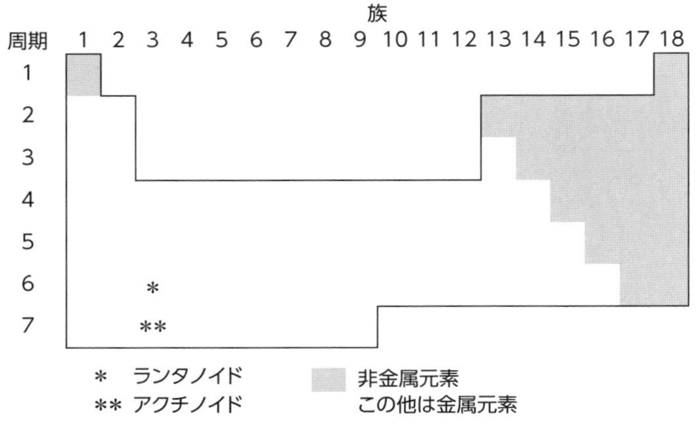

図3-6　非金属元素と金属元素

周期表の上の位置と物性の関係を把握する

例題3-2

典型元素と遷移元素の大きな特徴を調べよ。

解答

● 典型元素

1. 同族元素の性質の類似性が高い
2. 単体は金属のものもあれば非金属のものもある
3. 化合物の色は、無色のものが多い
4. 族の酸化数はほぼ決まっている

● 遷移元素

1. 族だけでなく、同一周期でも元素の性質の類似性がある
2. 1つの元素のとる酸化数が多種ある
3. 単体は全て金属である
4. 化合物が有色である場合が多い

例題3-3

原子半径とイオン半径の特徴と周期表上の位置の関係を説明せよ

解答

原子の大きさにも、図3-7に示すように周期性がある。

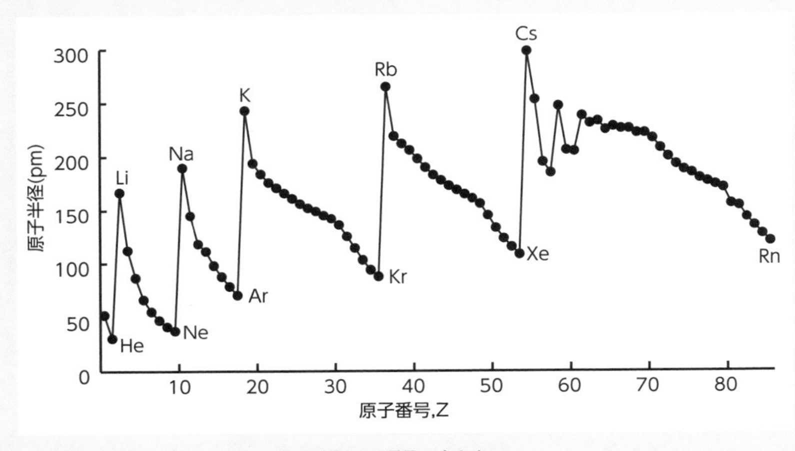

図3-7　原子の大きさ

1. 原子半径は、同一周期なら原子番号が大きくなるほど小さくなる。これは、原子核の電荷が大きくなり、電子を引き付けるクーロン力が強くなるためである。
2. 原子半径は、同族なら原子番号が大きくなるほど大きくなる。これは、一番エネルギーの高い電子軌道の主量子数が大きくなり電子の広がりが大きくなるためである。
3. 原子がイオン化すると、陽イオンの場合、電子数が減少するのでイオンの大きさは中性原子のときよりも小さくなる。陰イオンの場合は、電子を受け入れるので、イオンの大きさは中性原子のときよりも大きくなる。

CHAPTER 3

3-3　原子の持つ各種エネルギーと周期表上の位置

原子の持つ基本的なエネルギーにイオン化エネルギー、電子親和力があり、これらと関連して電気陰性度がある。

イオン化エネルギーとは、真空中で中性原子から電子を引き離すのに必要なエネルギーで、最外殻電子1個目を引き離すエネルギーを第一イオン化エネルギーと呼び、2個目以降を第二イオン化エネルギー、第三イオン化エネルギー・・・と呼ぶ。イオン化エネルギーが小さいほど陽イオンになりやすい。溶液中の陽イオンになりやすさを表す指標はイオン化傾向である。

例題3-4

元素のイオン化エネルギーの大きさと周期表上の位置の関係を説明せよ。

解答

図3-8参照のこと

- 典型元素の同一族では、周期表の下ほどイオン化エネルギーは小さくなる。これは、原子核からのクーロン力が弱くなるためである。
- 典型元素の同一周期では、周期表の右に行くほどイオン化エネルギーは大きくなる。これは、原子核の電荷の増大により、クーロン力が強まるためである。
- 遷移元素のイオン化エネルギーの値は、どれも同じような値となる。

電子親和力とは、原子が電子を1個受け取り陰イオンになるときに放出するエネルギーとされている。放出するエネルギーが大きいほど安定になるため、電子親和力が大きいほど陰イオンになりやすい。

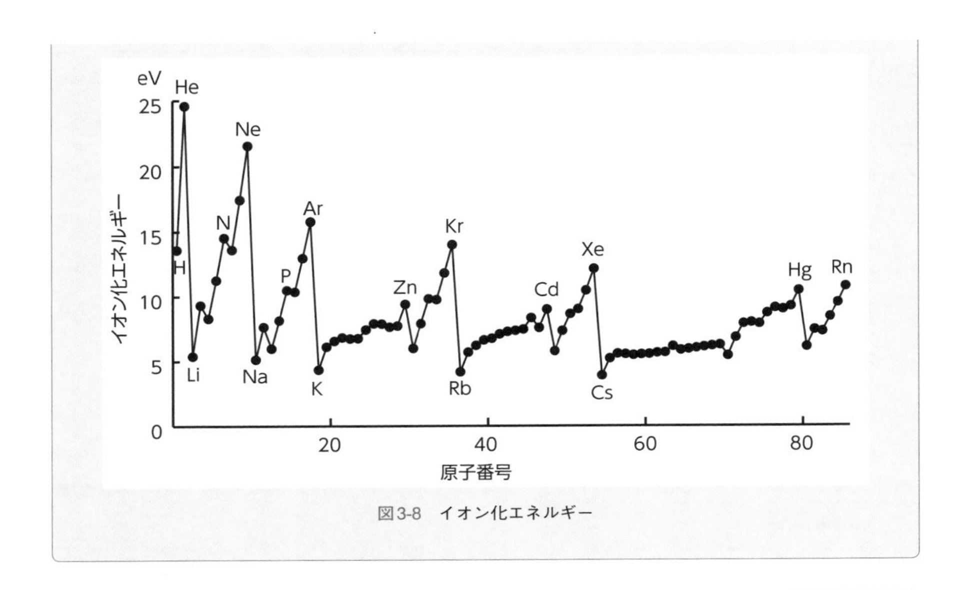

図3-8　イオン化エネルギー

例題3-5

元素の電子親和力の大きさと周期表上の位置の関係を説明せよ。

解答

図3-9を見ると

- 典型元素(希ガスを除く)の同一族では、周期表の下に行くほど電子親和力は小さくなる。
- 典型元素の同一周期では、周期表の右に行くほど電子親和力は大きくなる。
- 遷移元素の電子親和力の値は、どれも同じような値である。

ということが読み取れる。

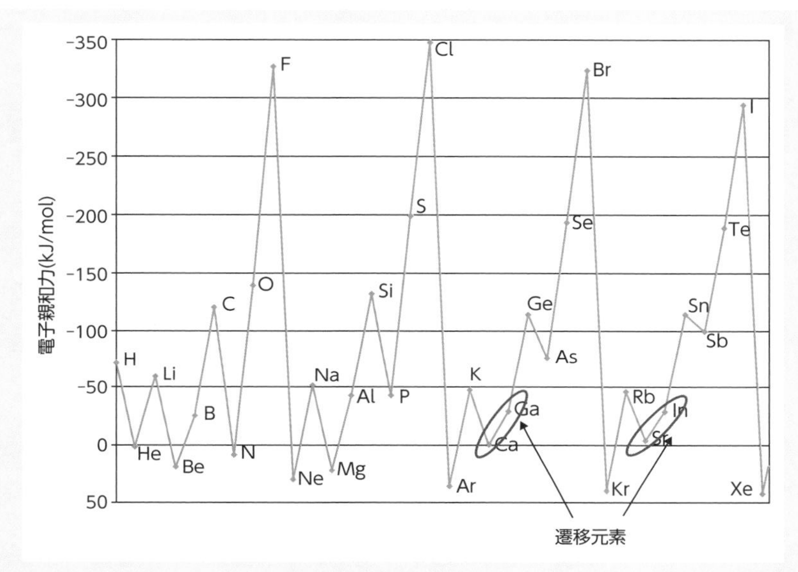

図3-9 電子親和力の大きさ

電気陰性度とは"共有結合をしている原子が、共有電子を引き寄せる度合い"を示す量である。原子AとBが結合しているとして、原子Aの電気陰性度をχ_A、原子Bの電気陰性度をχ_Bとしたとき、以下の関係がある(化学結合については第4章で扱う)。

$|\chi_A - \chi_B| > 1.7$ …イオン結合性
$|\chi_A - \chi_B| < 1.7$ …共有結合性
$|\chi_A - \chi_B| = 0$ …100%共有結合(無極性)

例えば、水素分子(H_2)では、電気陰性度の差はゼロであり、結合は完全に共有結合である。イオン性の高い塩化ナトリウム(NaCl)では電気陰性度の差は2.23となる。メタン(CH_4)のC-H結合は電気陰性度の差が0.35で共有結合性が高い。

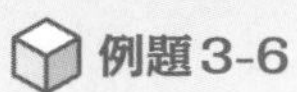

例題3-6

元素の電気陰性度の大きさと周期表上の位置の関係を説明せよ。

解答

電気陰性度とは、原子核が結合電子(結合に関わる電子で、最外殻に属する電子と考えてよい)を引き付ける度合いということもできる。つまり、原子核の電荷が大きいほど、また、原子核と結合電子の距離が近いほど、電気陰性度は大きくなる。このことから以下の関係が生まれる。

- 典型元素の同一族では、周期表の下に行くほど小さくなる。
- 典型元素(第12族を含む)の同一周期では、周期表の右に行くほど大きくなる。
- 遷移元素の電気陰性度の値は、どれも同じような値である。

詳細は図3-10参照のこと。

Li 0.98	Be 1.57											B 2.04	C 2.55	N 3.04	O 3.44	F 3.98	Ne
Na 0.93	Mg 1.31											Al 1.61	Si 1.90	P 2.19	S 2.58	Cl 3.16	Ar
K 0.82	Ca 1.00	Sc 1.36	Ti 1.54	V 1.63	Cr 1.66	Mn 1.55	Fe 1.83	Co 1.88	Ni 1.91	Cu 1.90	Zn 1.65	Ga 1.81	Ge 2.01	As 2.18	Se 2.55	Br 2.96	Kr 3.00
Rb 0.82	Sr 0.95	Y 1.22	Zr 1.33	Nb 1.6	Mo 2.16	Tc 1.9	Ru 2.2	Rh 2.28	Pd 2.20	Ag 1.93	Cd 1.69	In 1.78	Sn 1.96	Sb 2.05	Te 2.1	I 2.66	Xe 2.6

図3-10 電気陰性度

CHAPTER 3

3-4　放射性同位体

陽子数が同じで中性子数が異なる原子核同士を同位体とよぶ。同位体の中で、放射能を持つものを放射性同位体、放射能を持たないものを安定同位体とよぶ。

放射性同位体を表示する場合は、元素記号の左上に質量数を記載する。例えば、^{3}H、^{14}Cのように示す。

放射能とは"放射線を出す能力"と考えてもらうと、よく分かると思う。放射線には図3-11に示すようにα線(ヘリウム原子核)、β^{-}線(電子)、β^{+}線(陽電子)とγ線(電磁波)がある。高エネルギーのX線も放射線とされる。

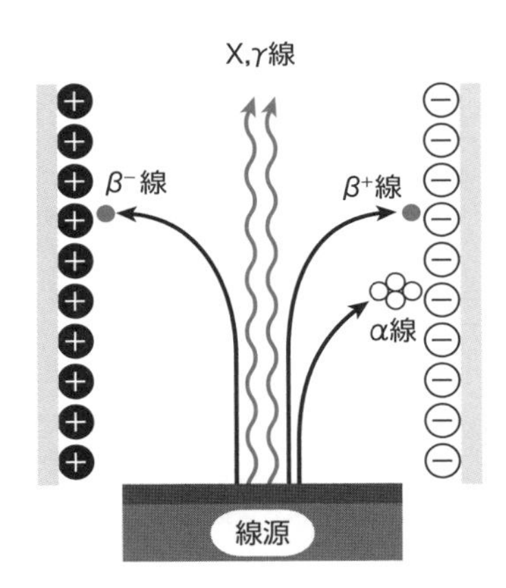

- α線はHe原子核の流れであり正の電荷を持つので、マイナス側に曲がる。
- β⁻線は電子の流れであり負電荷を持つので、プラス側に曲がる。
- β⁺線は陽電子の流れであり負電荷を持つので、マイナス側に曲がる。
- γ線やX線は電磁波であり電荷を持たないので、曲がらない

図3-11　さまざまな放射線

放射性同位体では、原子核から放射線が放出され、他の種類の原子核に変化する(図3-12)。この過程を壊変とよぶ。例えば、α線を出して壊変する過程をα壊変とよぶ。表3-2に、壊変により、質量数と原子番号がどのように変化するかをまとめた。

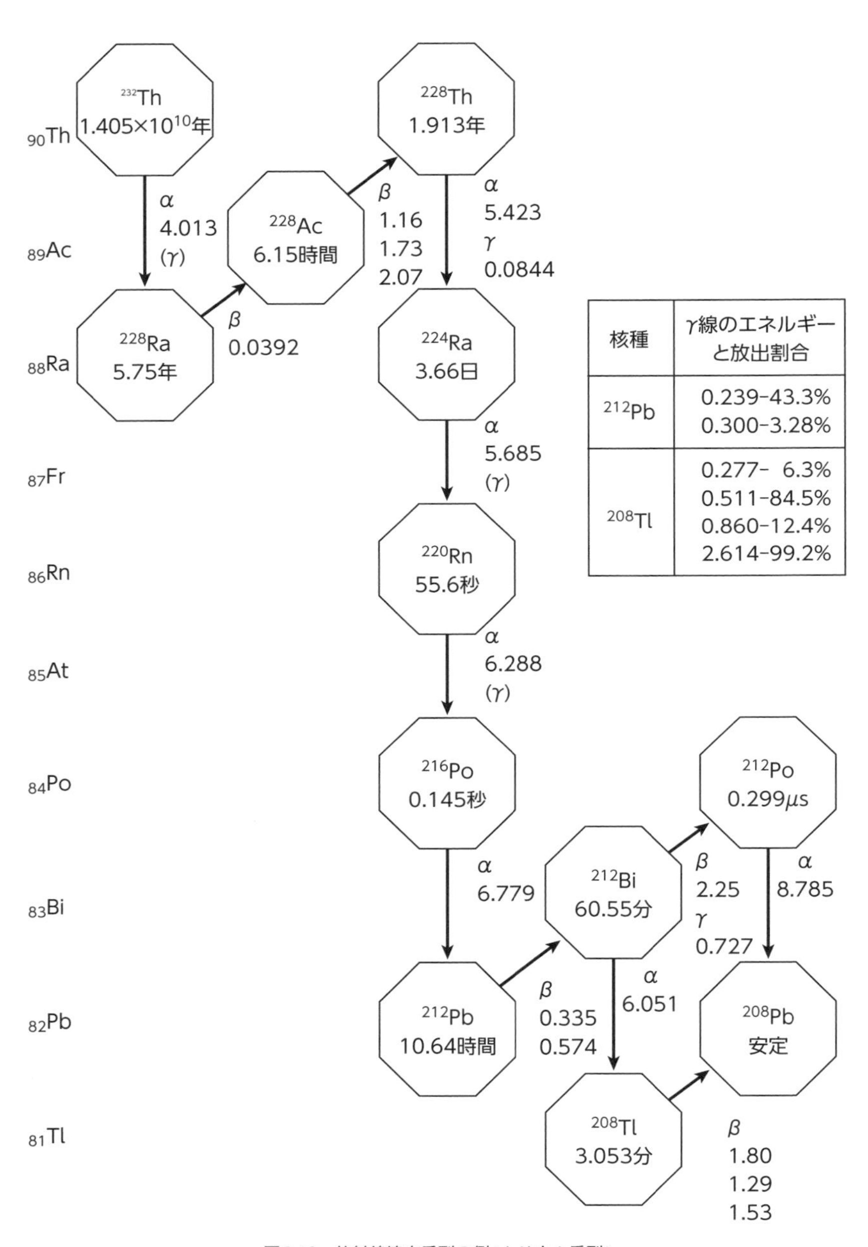

核種	γ線のエネルギーと放出割合
^{212}Pb	0.239-43.3% 0.300-3.28%
^{208}Tl	0.277- 6.3% 0.511-84.5% 0.860-12.4% 2.614-99.2%

図3-12　放射線壊変系列の例(トリウム系列)

表3-2　放射性壊変による原子核の変化

壊変	質量数	原子番号
α壊変	−4	−2
β^-壊変	変化せず	+1
β^+壊変	変化せず	−1

放射性同位体は、どの程度の頻度で壊変するかを示す量が半減期である。半減期とは“今ある放射性物質の量が半分の量になるのに必要な時間”と考えればよい。放射性同位体の壊変は $\frac{dN}{dt} = -\lambda N$ により表される。ここで、λは壊変定数で、同位体固有の値である。この式を第2章で説明した方法によりとくと、$N = N_0 e^{-\lambda t}$ となる。$T_{\frac{1}{2}}$（半減期）で $N = \frac{1}{2}N_0$ を代入すると $\lambda = \frac{\ln 2}{T_{\frac{1}{2}}}$ となる。つまり、半減期を測定すれば壊変定数が分かるわけである。表3-3に主な放射性同位体の半減期を示す。同位体により大きく異なることが分かると思う。

表3-3　主な放射性物質の半減期

元素	半減期（日）
^{3}H	4,500
^{14}C	2.1×10^6
^{22}Na	850
^{32}P	14.3
^{35}S	87.4
^{36}Cl	1.1×10^8
^{45}Ca	165
^{59}Fe	45
^{60}Co	1,930
^{65}Zn	244
^{90}Sr	11,000
^{99m}Tc	0.25
^{131}I	8
^{137}Cs	11,000
^{140}Ba	12.8
^{226}Ra	58,000
^{235}U	2.6×10^{11}
^{239}Pu	8.8×10^6

CHAPTER 3

3-5　参考文献

原田義也「量子化学」（上・下）裳華房（2007）

マッカーリ、サイモン「物理化学－分子論的アプローチ」（上）東京化学同人（1999）

増田秀樹、長嶋雲平「ベーシックマスター無機化学」オーム社（2010）

田中勝久他「演習無機化学－基礎から大学院入試まで－第2版」東京化学同人（2017）

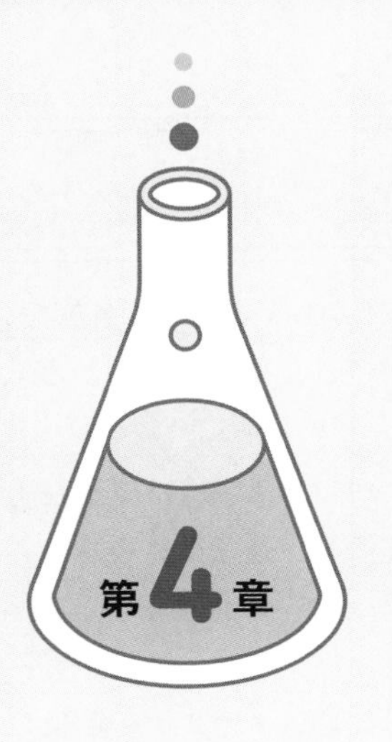

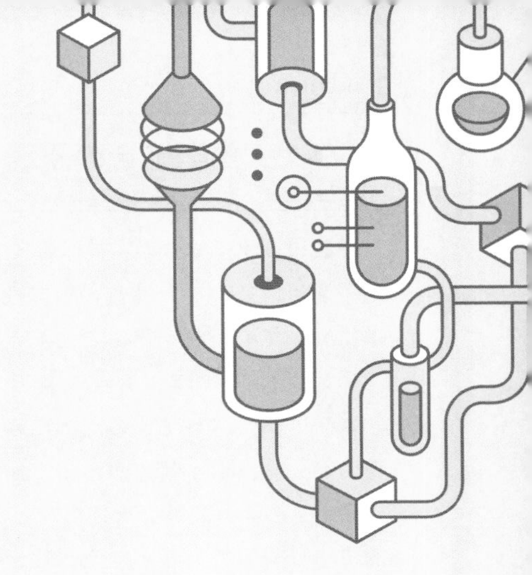

化学結合の基礎

本章で学ぶ内容

1. 化学結合の原理
2. イオン結合
3. 共有結合
4. 金属結合
5. 配位結合
6. 分子間力（ファンデルワールス力と水素結合）

原子どうしがつながることで、多種多様な物質ができている。第２章および第３章では、それぞれの元素は固有の電子配置を持っていることを学んだ。本章では、原子と原子が結び付くしくみについて各元素の電子配置を中心に理解し、代表的な結合の特徴を学ぶ。

原子軌道および電子のエネルギーなどから考える結合については第５章で解説する。

CHAPTER 4

4-1　化学結合の原理

一般に、化学結合の主役は電子である。元素の周期律から、各周期や各族で、電子配置に基づいた性質の類似性や傾向を見ることができ、結合にかかわる電子についても情報を得ることできる。

ネオンNe、アルゴンAr、クリプトンKrなどの希ガス(貴ガス)は原子軌道が電子で満たされているために安定で反応性が極めて低く、通常は結合を作らない。一方、原子軌道が電子で満たされていない元素はどうであろうか。

希ガスのように結合を作らない、つまり化学反応をしにくいのは、エネルギー的に十分安定であるがゆえ、化合物形成によってさらに低いエネルギー準位になることがないことを意味している。つまり原子同士が結合を形成するということは、原子のもとの電子配置のエネルギー順位よりも、より低くなり安定な電子配置を形成することを意味する。

また、イオン結合、共有結合、金属結合によって原子間にはたらく結合エネルギーは数百kJ/molと大きいのに対し、ファンデルワールス力や水素結合などの分子間力はわずか数~数十kJ/mol程度である。

原子が安定な電子配置をつくるには、電子を失ったり、得たり、共有するような方法がある。電子を失いやすい元素を**陽性元素**(電気陽性元素ともいう)、電子を受け取りやすい元素を**陰性元素**(電気陽性元素ともいう)、とすると、**イオン結合**、**共有結合**、**金属結合**について一般的に次のことがあてはまる。

イオン結合:　　陽性元素 + 陰性元素
共有結合:　　陰性元素 + 陰性元素
金属結合:　　陽性元素 + 陽性元素

第3章で電気陰性度の差によって共有結合性とイオン結合性の度合いを知ることができると学んだ。化学結合は、同元素どうしの分子(H_2やN_2など)を除き、100%共有結合または100%イオン結合であるとは限らない。各物質は、それを形成する結合のどちらの性質が強いかによって、便宜的にイオン結合と共有結合かに分類されていることが多い。

CHAPTER 4

4-2　イオン結合

ナトリウムNaは$1s^2 2s^2 2p^6 3s^1$の電子配置を持ち、最外殻の電子を放てばネオンの電子配置となった陽イオンとなり安定化する。ナトリウムは電子を放ちやすい電気陽性元素である。

$$Na \rightarrow Na^{+} + e^{-}$$

塩素Clは$1s^2 2s^2 2p^6 3s^2 3p^5$の電子配置を持ち、電子を一つ受け取ればアルゴンの電子配置を持った陰イオンとなり安定化する。塩素は電子を受け取りやすい電気陰性元素である。

$$Cl + e^{-} \rightarrow Cl$$

陽イオンはプラスの、陰イオンはマイナスの電荷をそれぞれ持つため、互いの間には静電的に引き合う力(クーロン力)が発生し結合を形成することができる。これがイオン結合の原理である。実際の塩化ナトリウムの結晶は図4-1のように数多くのナトリウム原子と塩素原子が互いに隣り合わせになって立方体を形成している。塩化ナトリウムはNaClと化学式で示すが結晶の単位構造を示すに過ぎない。塩化ナトリウムは分子ではなくイオン性結晶であるため、分子量でなく単位構造の質量を示す式量が分子量の代わりに用いられる。他のイオン性結晶も同様である。

イオン結合では陽イオンと陰イオンの原子軌道はほとんど影響を受け合わないことがわかっている。言いかえると、塩化ナトリウムなどのように陽イオンと陰イオンが最隣接でつながった結晶の場合、陽イオンと陰イオンの距離はそれぞれのイオン半径の和となる。

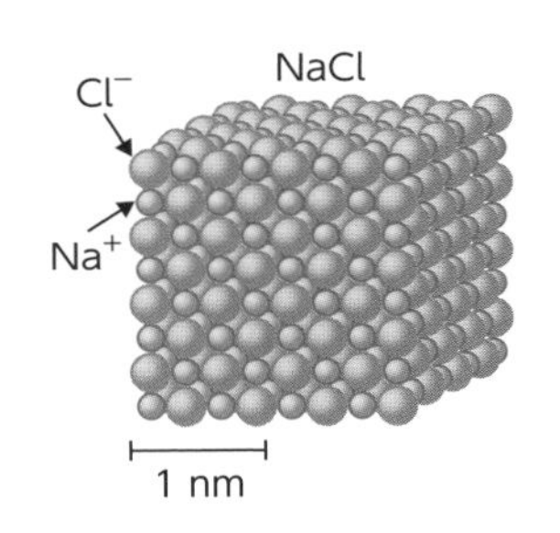

陽イオン　陰イオン

r_+　r_-

r

r　：両イオン間最短距離(実測値)
r_+：陽イオン半径(計算値)
r_-：陰イオン半径(計算値)

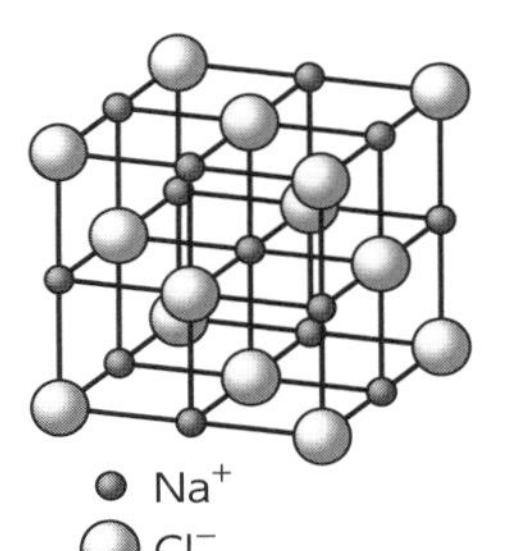

図4-1　塩化ナトリウムの結晶の様子と陽イオンと陰イオンの距離のイメージ図
(右の図はイオン結合を便宜的に直線で表している)

結晶の構造とクーロンの法則について理解する

例題4-1

MgO結晶とNaCl結晶はどちらも岩塩(塩化ナトリウム)型構造をとる。MgOの格子定数が0.4213 nm、NaClの格子定数が0.5640 nmであるとする。結晶中で再隣接のMg^{2+}とO^{2-}にはたらく引力とNa^{+}とCl^{-}にはたらく引力との比を求めよ。

クーロンの法則 $F = k\dfrac{Q_1Q_2}{r^2}$

(ここで、F:二つの荷電粒子間に働く力、Q1:1つ目の電荷量、Q2:2つ目の電荷量、r:二つの電荷間の距離、k:比例定数)

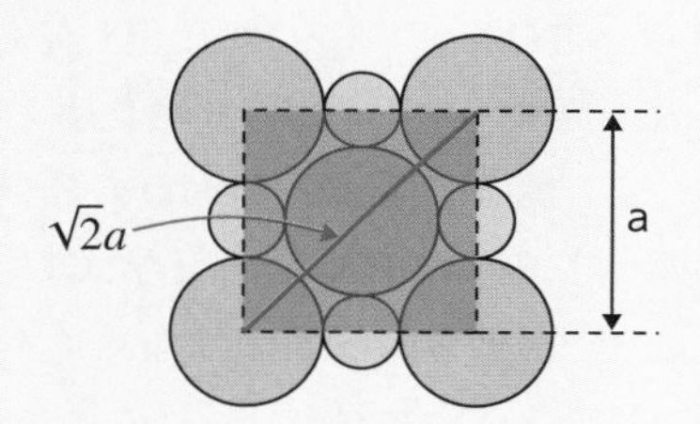

図4-2　NaCl型構造の格子定数a

解答

クーロンの法則が示すように、荷電粒子間に働く反発力または引力はそれぞれの電荷の積に比例し、距離の2乗に反比例する。よってここで陽イオンと陰イオンの間にはたらく引力の大きさは、イオンの価数の積に比例し、イオン間距離の2乗に比例する。格子定数はイオン半径の和の2倍の値であることを使う。

Mg^{2+}とO^{2-}のイオン間距離は0.4213 ÷ 2=0.211(nm)
Na^{+}とCl^{-}のイオン間距離は0.5640 ÷ 2=0.282(nm)

したがって、それぞれにはたらく引力の比は、
(Mg^{2+}とO^{2-}にはたらく引力):(Na^{+}とCl^{-}にはたらく引力)

$= 2 \times 2/(0.211)^2 : 1 \times 1/(0.282)^2$
$= 7.14 \ : 1$

CHAPTER 4

4-3　共有結合

たとえば水素分子の場合、二つの水素原子の1s軌道の電子どうしが結合を形成する。このように互いの電子を共有して電子対を形成することによる化学結合を共有結合という。このとき電子配置は希ガスと同じ構造となりエネルギー的にも安定化する。

水素原子どうしやハロゲン元素同士によって形成された分子においては不対電子を持っている原子どうしが電子対をつくったとも説明できる。最外殻の電子を点(・)で表す手法をルイス構造(またはルイス式や電子式ともいう)ではそのことが理解しやすい。水素は1s軌道の一つの電子を互いに共有してひとつの結合性の電子対ができる。

H・+・H → H:H(結合にかかわる電子対ひとつを直線で表すとH–Hとなる)

一方、水分子は酸素の電子配置が$1s^2 2s^2 2p^4$となり、最外殻の電子が6個であることから、結合性の電子対が二つと、非結合性の電子対が二つできる。(H–O–H、直線で結合を示すと、非結合性の電子は描かれない)

炭素Cを骨格とするほとんどの化合物は共有結合性を示す。ダイヤモンドのように炭素だけが共有結合で結ばれた結晶も存在する。次にメタン、エチレン、アセチレンのルイス構造と結合(電子対)ひとつを直線で表した構造と両方を示す。

メタン	H–C–H（C に上下 H）	H:C:H（C に上下 H、電子対で結合）
エチレン	$(H_2C=CH_2)$	H H / C::C / H H
アセチレン	(H–C≡C–H)	H:C⋮⋮C:H

図4-3　炭化水素のルイス構造

異原子どうしでつくられる共有結合においては、大抵どちらかの原子の方に電子の分布(電子密度)に偏りが生じる。これを分子の分極といい、分子が極性を帯びているともいう。そのわずかな負電荷はδ^-、わずかの正電荷はδ^+

という記号で表される。このような分子の極性は水分子が示す特異な性質に関係するだけでなく、極性物質の凝固点や沸点の違い、ある液体が他の物質を溶解するかどうか、他の物質とどのように反応するかなどに関わっている。
ある極性物質の一つの分子の負の端と、もう一つの分子の正の端との間には引力が生じ、それを双極子-双極子作用と呼ぶ。また、同じ分子内では各結合つまり原子と原子の間に**双極子モーメント**が生じ、それら各結合の双極子モーメントの総和が分子の双極子モーメントとなる。双極子モーメントは、原子上に生じた正負の電荷の絶対値に結合距離をかけたもので求められ、その向きはマイナスからプラスである。いくつかの結合における双極子モーメントを表4-1に示す。
例えば、水分子の双極子モーメントは表の値と結合の角度から、次のように求められる。ここでは水分子の角度を105°とした。

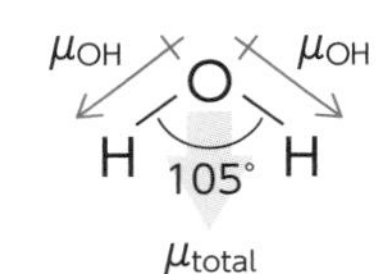

図4-4　水分子の双極子モーメント

$$\mu_{total} = 2\ \mu_{OH} cos\frac{105°}{2} = 6.18 \times 10^{-30}(C \cdot m)$$

表4-1　様々な結合における双極子モーメントμ（10^{-30} C・m）

H－C	1.33	C－N	0.73	C－F	4.7
H－O	5.03	C－O	2.47	C－Cl	4.87
H－N	2.91	C＝O	7.67	C－Br	4.6

しかし、たとえ各結合が分極していても、図4-5のように分子の構造が幾何的に対称であれば、双極子モーメントが分子全体で相殺されるため、その分子は極性(分子双極性ともいう)を示さない。例として図のようにメタンCH_4は正四面体構造、CO_2は直線構造であるために極性がないが、アンモニアNH_3やH_2Oには極性がある。

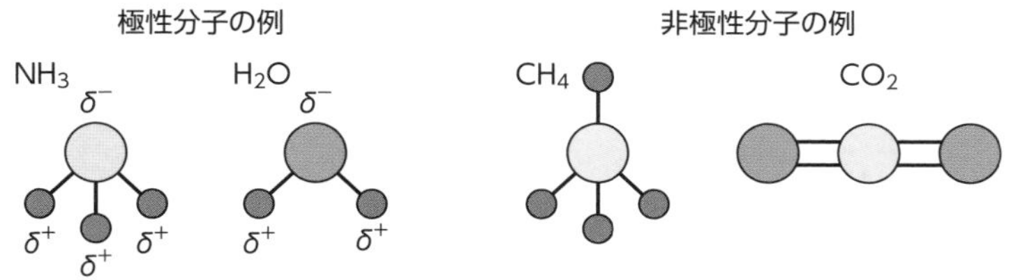

図4-5 極性分子と非極性分子の例

例題4-2

塩素分子、塩化水素分子、アンモニア分子、二酸化炭素を形成する原子の電子配置と最外殻の電子数、そしてそれぞれの分子のルイス構造を示せ。また、それらの分子が有する結合の共有結合性とイオン結合性を議論せよ。

解答

以下、各元素の電子配置と、()内に最外殻の電子数を示す。

水素H・・・$1s^1$(1個)
塩素Cl・・・$1s^2 2s^2 2p^6 3s^2 3p^5$(7個)
窒素N・・・$1s^2 2s^2 2p^3$(5個)
炭素C・・・$1s^2 2s^2 2p^2$(4個)
酸素O・・・$1s^2 2s^2 2p^4$(6個)

:Cl:Cl:　H:N:H　H:Cl:　O::C::O
　　　　　　H
塩素　アンモニア　塩化水素　二酸化炭素

図4-6 各分子のルイス構造

第3章で示したように、電気陰性度の差を図3-10の値から求めてイオン結合性または共有結合性が強いかを知ることができる。その詳細は、Paulingの示した下式をプロットした下図が根拠となっている。

$$\text{イオン結合性} = 1 - e^{-\frac{1}{4}(\chi_A - \chi_B)^2}$$

今回の例に当てはめて計算すると、Cl-Cl(3.1-3.1=0)、HCl(3.1-2.1=1.0)、N-H(3.0-2.1=0.9)、C-O(3.5-2.5=1.0)となり、いずれの結合も1.7より十分値

が小さく、共有結合性の強い分子であることがわかる。塩化水素HClは水に溶けると電離してイオンを形成するが、共有結合性の強い分子である。

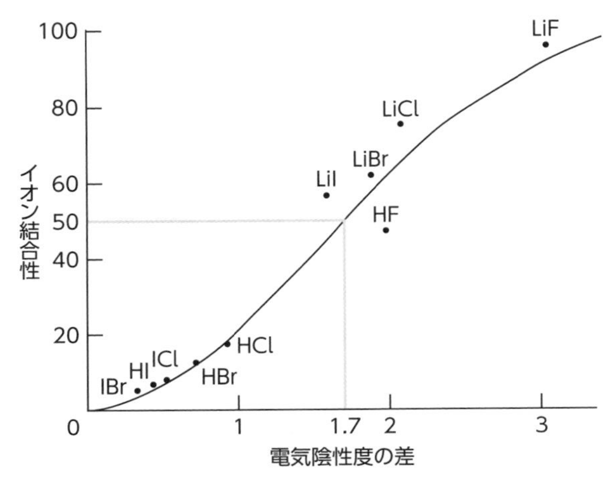

図4-7　Paulingの示した電気陰性度とイオン結合性の関係図

例題4-3

ジクロロメタン(CH_2Cl_2)と四フッ化硫黄(SF_4)は極性か非極性か。

解答

ジクロロメタンは四面体構造を持つが、二つずつ異なる共有結合をもち、分子としては図のような双極子モーメントが存在するため、極性である。

四フッ化硫黄の場合は二つの三角錐をつなげたような構造から若干ゆがんだシーソー型構造をとることがわかっている。この場合は紙面でいう右から左方向への双極子モーメントが存在するので、極性分子である。

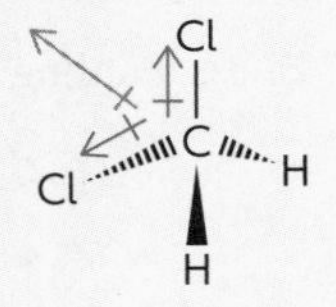

(a) ジクロロメタンの双極子モーメント

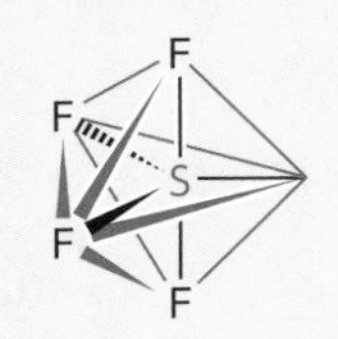

(b) SF_4の概念的な構造

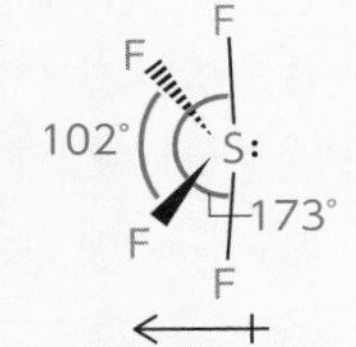

(c) SF_4の実際の構造と双極子モーメント

図4-8　分子の双極子モーメント

CHAPTER 4

4-4　金属結合

金属は、その陽イオンが数多く規則正しく配列して結晶構造をつくっている。その間には電子が介在して金属結合を形成しているが、その電子は特定の陽イオンにとどまることなく自由に運動できるため、自由電子と呼ばれる。電子の海に陽イオンが規則正しく並んでいる、または規則正しく並んだ金属元素の周りを電子が川のように流れているイメージで説明されることもある。金属結合をしている結晶はイオン結合をしているイオン結晶と同じくその原子間距離は金属半径の和となる剛体球モデルで説明できる。単体の金属元素でなる金属の場合にはその原子の半径の2倍が原子間距離となる。

また、2種類以上の金属元素を混ぜ合わせて作られたものを合金という。合金においても低温ではできるだけ各金属のイオンが規則正しく並んだ結晶性をとろうとし、自由電子の存在によって単体の金属と同様に展性や延性を示す。

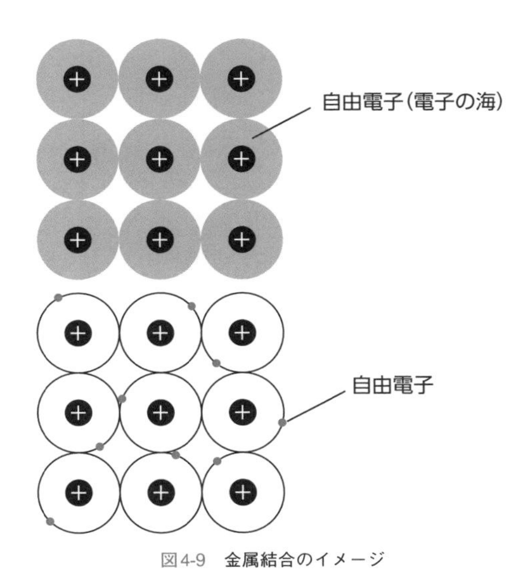

図4-9　金属結合のイメージ

4-5　配位結合

配位結合についてアンモニアを例に考える。アンモニア分子が共有結合性を示すことをすでに紹介した。ルイス式で示すと(a)のようであるが、実際には(b)のように三角錐の頂点に非共有電子対が存在する。ここに水素イオンが一つ近づいたときに窒素原子にある電子対を結合のために使うとアンモニウムイオン(c)が形成される。形成されたアンモニウムイオンは(d)のように正四面体構造をとる。
また、(e)のように配位結合を矢印で示すこともあるが、形成されたアンモニウムイオンにおける4つの結合はすでに共有結合と同じで、どれがもとの非共有電子対由来のものかの区別はできなくなる。

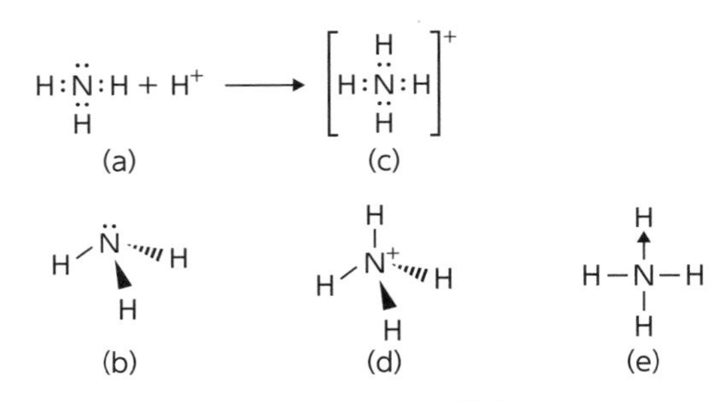

図4-10　アンモニアの配位結合

水分子も同様に二つの結合(共有電子対)と二つの非共有電子対に囲まれ、四面体構造の一部となる図4-7(a)のような「くの字」の形を作っている。これもアンモニアと同様に一つの非共有電子対を供与して、新しいイオン(b)を形成する。このような片方の原子からのみ電子、つまり非共有電子対を他の原子に供与して新しい分子やイオンを形成するのが配位結合である。

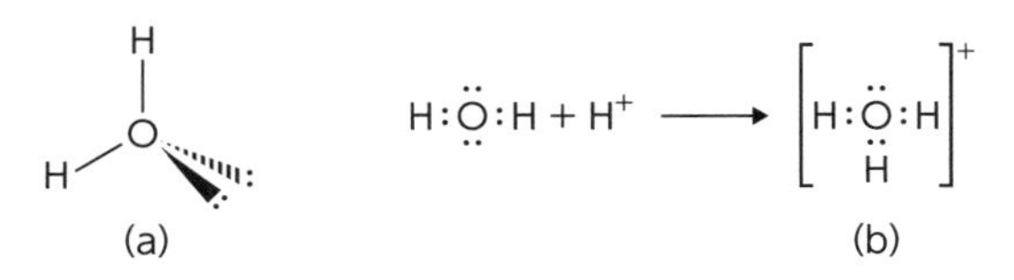

図4-11　水の配位結合

例題4-4

リン酸と硫酸を例に、リンPと硫黄Sが非共有電子対を供与している配位結合をすることを確認せよ。

解答

リン酸：囲んだ部分がリンの最外殻の電子由来の非共有電子で酸素原子と配位結合を形成してリン酸H_3PO_4が形成される。

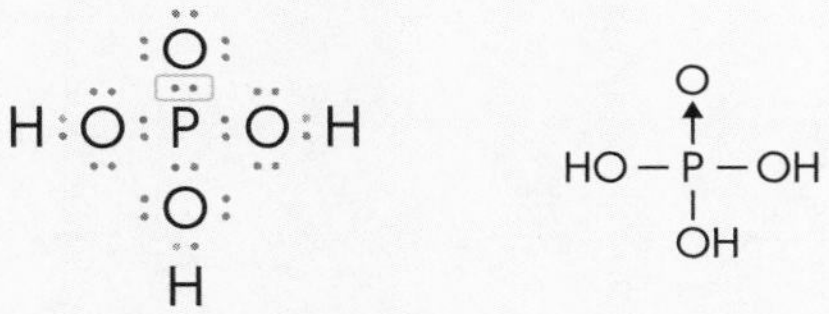

図4-12　リン酸

硫酸：囲んだ部分が硫黄の最外殻の電子由来の非共有電子で酸素原子と配位結合を形成して硫酸H_2SO_4が形成される。

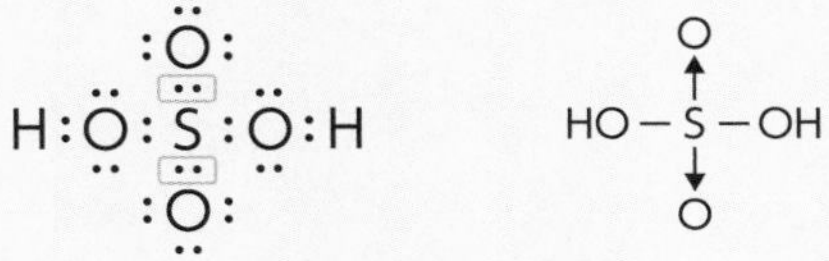

図4-13　硫酸

一方、12、13章で紹介する錯体なども配位結合で形成される物質である。電子対を供与して中心金属に結合している分子やイオンを配位子(またはリガンド)という。図4-14ではアンモニアとシアン化物イオンが配位子の例として示されている。

これらの錯体がどうしてこのような構造をとるのかについては、12章で紹介する。

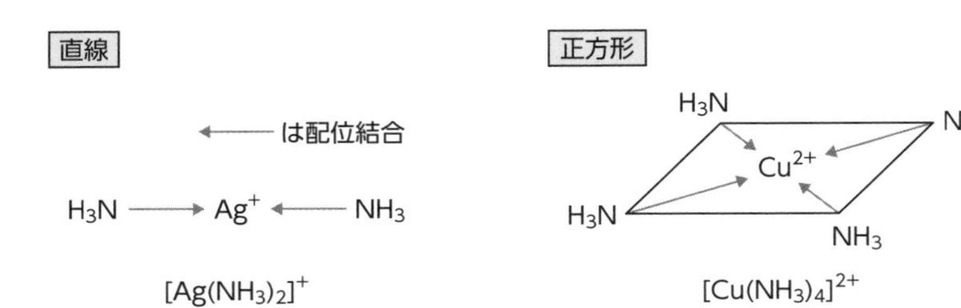

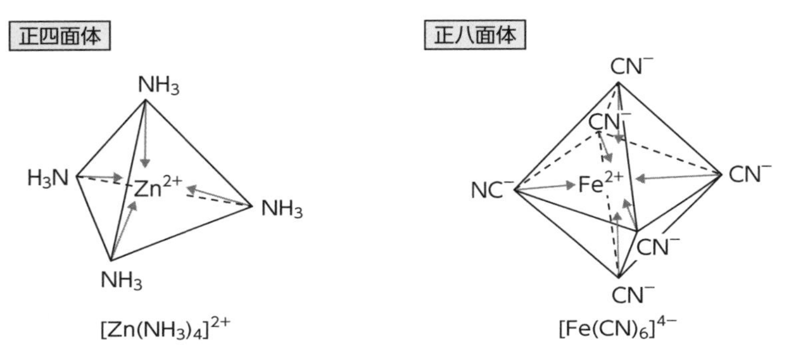

図4-14　配位結合による錯体の例

CHAPTER 4

4-6 分子間力(ファンデルワールス力と水素結合)

分子と分子の間にはたらく相互作用(力)の代表的な例にファンデルワールス力と水素結合がある。ファンデルワールス力は、共有結合性の分子どうしがゆるくまとまろうとする相互作用であり、正電荷をもった原子核がその原子半径よりも遠くに存在する電子に対して働く引力と説明される。この力は核電荷の増加とそれぞれの原子の有する電子数の増加とともに大きくなる。しかし原子間にはたらく結合力に比べると非常に小さく0.1～10 kJ/mol程度である。ベンゼンの結晶やヨウ素の結晶のように、この力で結びついた結晶を分子結晶という。ドライアイス(二酸化炭素の固体)もこの力で結びつき合っている。

水素結合は、特に電気陰性度の大きい原子(酸素Oや窒素Nなど)に結合している水素が、近くにある非共有電子対と結合をつくる。水素結合はファンデルワールス力よりは強いが原子間の結合よりは弱いことが知られている。エタノール中の水素と隣のエタノールの酸素、アンモニアの水素と隣のアンモニアの窒素、なども水素結合をつくる。

DNA(デオキシリボ核酸)が二重らせんを形成したり、水が他の水素化合物よりも高い沸点を示したりするのもこの水素結合に由来する。

フッ化水素HFは水素結合を形成するが塩化水素HClは水素結合を形成しない。NとClではほぼ同じ電気陰性度を示すが、HCl分子上では塩素の表面電荷密度が小さく非共有電子対の負の電荷が小さいため水素結合は形成されない。

図4-15 水素結合の例(上からアンモニアと水の分子間水素結合。下のアセチルアセトンは分子内で水素結合を形成する)

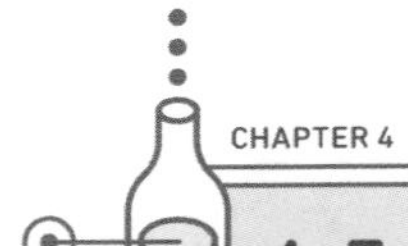

4-7　参考文献

B.E. ダグラス・D.H. マクダニエル・J.J. アレキサンダー著、新村陽一・日高人才・安井隆次訳「ダグラス・マクダニエル 無機化学 第2版(上)」、東京化学同人(1986)
平尾 一之・田中 勝久・中平 敦著、「無機化学―その現代的アプローチ」東京化学同人(2002)
田中勝久著、「固体化学の基礎 (チュートリアル化学シリーズ)」化学同人(2003)

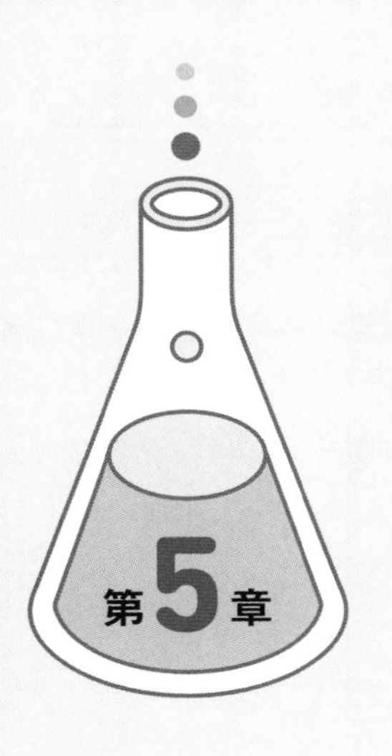

化学結合から分子軌道へ

本章で学ぶ内容

1. 原子価結合法と分子軌道法
2. 共有結合と混成軌道
3. 等核二原子分子の分子軌道
4. 異核二原子分子の分子軌道
5. 混成軌道の形と波動関数
6. HOMOとLUMO

第4章で、化学結合の主人公が電子であることを学んだ。本章ではもう少し化学結合について詳しく知るために、電子のエネルギー順位や軌道の概念から理解を深める。そのために、電子状態のより精密な理解につながる分子軌道法を主に使って化学結合を説明する。

5-1　原子価結合法と分子軌道法

物質を形作る化学結合に関与する電子の状態は、当然、結合をつくる前の原子の電子状態とは異なっている。原子の状態での各原子軌道の形を図5-1に示した。

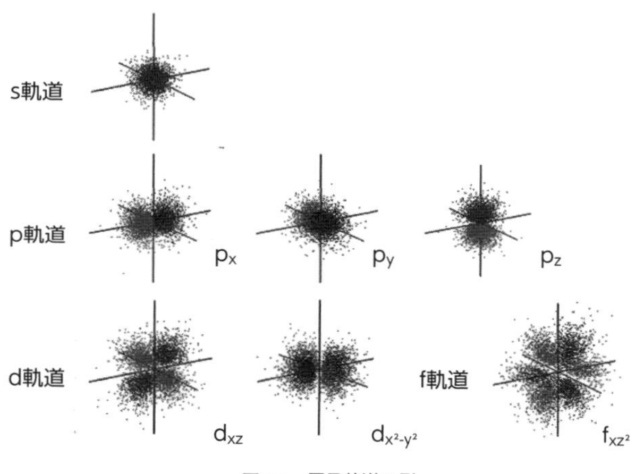

図5-1　原子軌道の形

原子価結合(VB: Valence Bond)法では、基本的に最外殻の電子にのみ注目し、電子が一つずつ入った原子軌道が互いに重なり合うことで結合が形成される、つまり電子はある1つの原子の原子軌道に局在化しているという考え方で結合を説明する。ルイスの電子式による結合の理解や混成軌道の理解には便利である。

一方、分子軌道(MO:Molecular Orbital)法では「分子全体に広がった分子軌道に電子が配置される(電子は非局在化している)」ことに基づいて結合を説明する。すなわち、VB法では内殻電子を基本的に無視するが、MO法では内殻電子も結合に寄与することを前提とする。

VB法では現実の分子中の電子の状態を説明しきることに無理がある。MO法では、最近の計算科学の理論や技術の進歩により、かなりの計算ができるようになったため、シュレーディンガー方程式を基礎としてより現実に近い分子の電子構造を明らかにすることができるようになっている。

ここで最も簡単な水素分子の結合を例に考えてみる。VB法では最外殻の電子をそのままオーバーラップさせてできる電子対が結合となるので、ルイスの構造式にならって図5-2のように電子対が二つの原子のノリのような役目をして結合を作っているように考える。より実際に近い形は右図のように原子軌道が重なりあって分子軌道、すなわち結合が形成される。

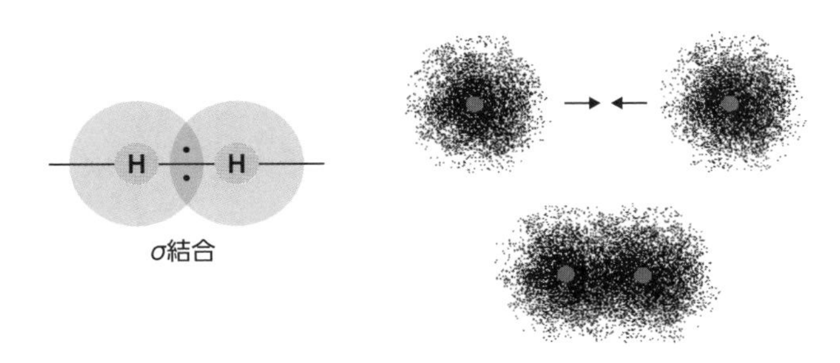

図5-2　水素分子のイメージ図

例題5-1

次の図が水素分子における共有結合の形成における原子どうしの距離とエネルギーの関係を示した曲線であるとして、図の中に形成された安定な水素分子の「結合距離」と「結合エネルギー」を書き入れ、その数値について文献などを参考に調べてみよ。また、可能な範囲で考察を加えよ。

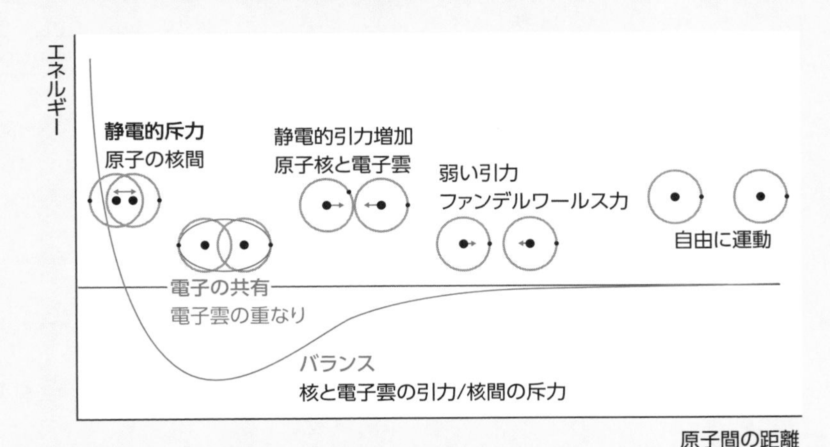

図5-3　原子間の距離とエネルギーの関係(1)

解答

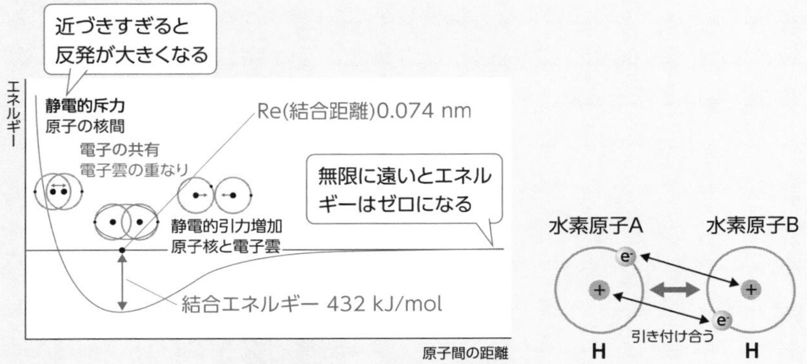

図5-4　原子間の距離とエネルギーの関係(2)

水素原子Aと水素原子Bが共有結合する場合、右側の図のように、Aの原子核とBの電子雲、そしてBの原子核とAの電子雲がそれぞれ引き合う力(引力)が発生している。その引き合う力が、Aの原子核とBの原子核の反発力(斥力)や、Aの電子雲とBの電子雲の反発力よりも大きくなるため、安定化して共有結合を形成することができる。曲線の最も低いエネルギー値が水素分子の共有結合エネルギーを示し、そのときの原子間の距離が水素分子の結合距離となる。次の図書の説明が参考になる。

参考図書例:中田宗隆 著「物理化学入門シリーズ 化学結合論」裳華房(2012)

CHAPTER 5

5-2　共有結合と混成軌道

原子の軌道が他の原子の軌道と相互作用して(重なり合って)分子軌道が形成される。2個の水素原子の場合、それぞれの原子の1s軌道が組み合わされて分子軌道すなわち結合が形成される。原子軌道の重なりによってつくられる共有結合には大きく分けると**σ結合**と**π結合**がある。分子軌道を形成する軸に対して水平にできるものがσ結合で、垂直に形成されるものがπ結合になる。

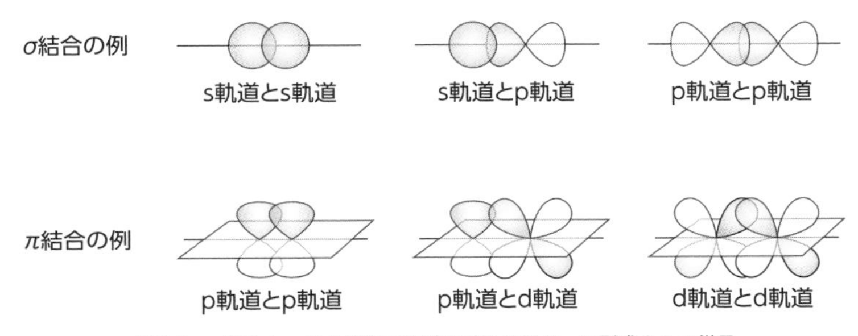

図5-5　σ結合とπ結合が原子軌道の重なりによって形成される様子

σ結合はπ結合に比べると電子雲の重なりが大きくなるため強い結合ができやすい。異なる原子どうしの結合について、メタンCH_4を例に第3章の図3-2と図3-3にならって共有結合を考えていこう。ここで炭素の原子軌道は$1s^2 2s^2 2p^2$と書かれるが、これらの電子のうち、結合に関与するのは最外殻の電子2pの二つだけではない。

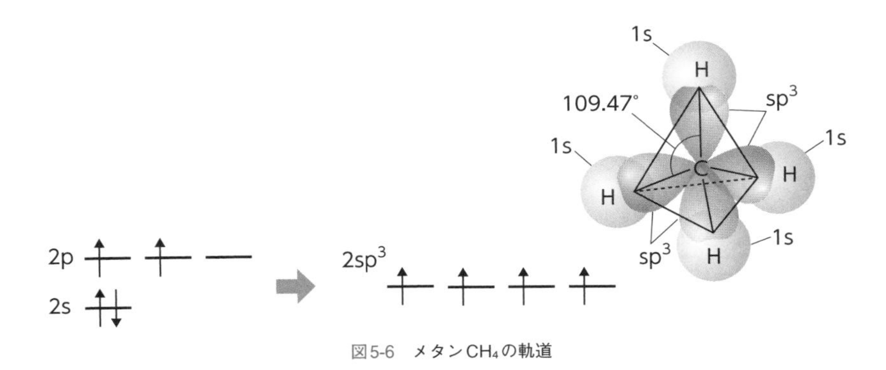

図5-6　メタンCH_4の軌道

これは、原子価結合法にもとづくと、左図のように、もともと異なるエネルギー準位を示す炭素の2sの二つの電子と2pの二つの電子がある。これらが結合をつくるために、4つの電子が等価なエネルギー状態になるように、新しい軌道が作られることになる。2s軌道の電子を昇位して、4つの等価な新しい結合ができれば、炭素原子と水素原子とがより安定な強い共有結合を形成することができるからである。炭素、ホウ素、そして窒素は、2sと2p軌道のエネルギー差が小さいので、1つのs軌道と3つのp軌道からなる新しい軌道、つまりsp^3混成軌道をつくる。読み方としては「エスピースリー」である。完全なsp^3軌道における、4つのそれぞれの軌道のなす角は正四面体角109.47°でメタンおよびダイヤモンドの結合角と一致する。

混成軌道の構成と形成について理解する

例題5-2

アンモニアおよびエチレンの分子をかたち作るσ結合、すなわち混成軌道がどのように形成されるか窒素や炭素の原子軌道を使って説明せよ。

解答

アンモニア

窒素の2s軌道1つと2p軌道3つからsp^3混成軌道が形成される。そのうち一つの軌道は電子対を有するためσ結合の形成には寄与しない。その非共有電子対とσ結合の反発力の影響により形成されたアンモニア分子は正四面体が押しつぶされたような形になっている。

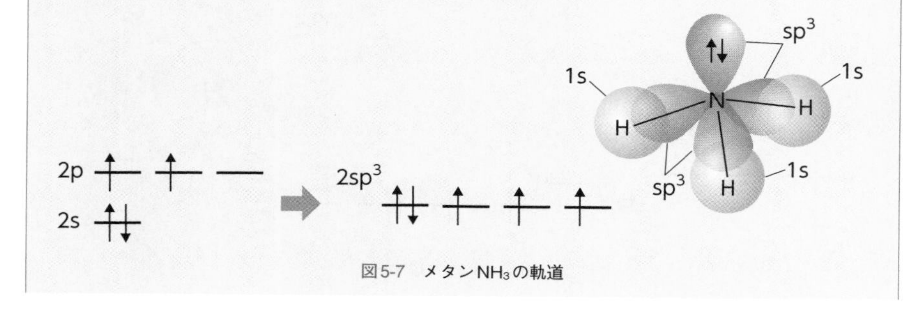

図5-7　メタンNH_3の軌道

エチレン

炭素の電子4つのうち3つがσ結合に関与するように、この紙面でいうと水平な正三角形の頂点方向にsp^2混成軌道がつくられる。この際1つの2p軌道(z軸方向)はσ結合に寄与しない。

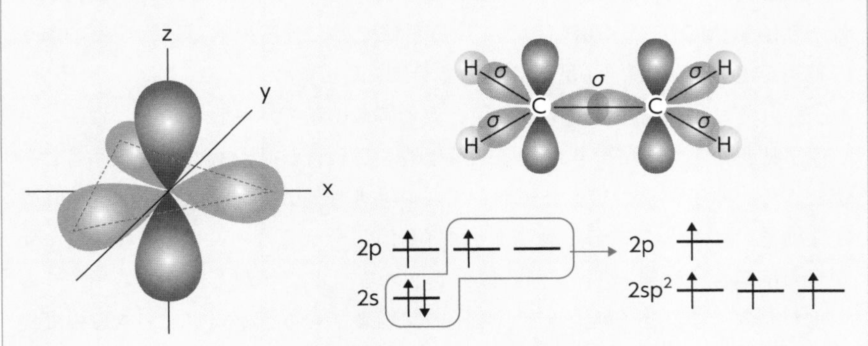

図5-8　エチレンC_2H_4の軌道

エチレンにおいて、1つの炭素あたり、水素の1s軌道と炭素のsp^2軌道の重なりによるσ結合が2つ、隣の炭素のsp^2軌道どうしの重なりによるσ結合が1つ形成される。エチレンの場合には、同時にz軸方向の2p軌道が隣の2p軌道と重なるため、この紙面でいうとC–Cの結合に対して上下にπ軌道がつくられる。

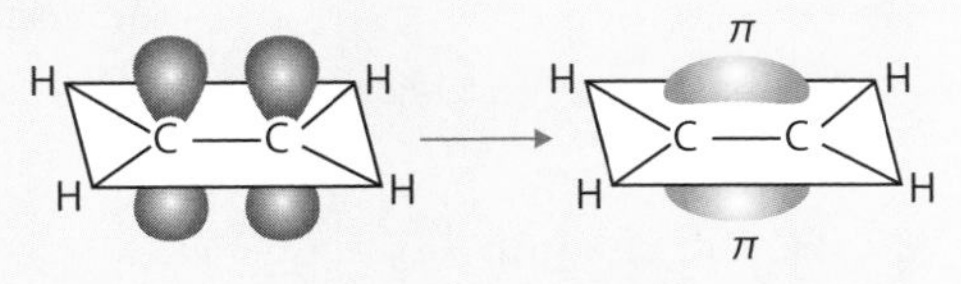

図5-9　エチレンC_2H_4のπ軌道形成

CHAPTER 5

5-3 等核二原子分子の分子軌道

第2章で紹介したように電子には波の性質がある。波動関数ψは電子の運動を、波動関数の大きさつまり波動関数の絶対値の二乗$|\psi|^2$は電子の密度を表す。分子軌道法(MO)で広く用いられている手法では、分子の軌道は、個々の原子の軌道(AO)の線形結合(足し算と引き算)により求められる。簡単にいうと、原子それぞれの軌道の波動関数の和と波動関数の差で示されることになる。

原子軌道が重なってできる分子軌道は波を重ね合わせたものと解釈することができる。原子軌道の重なりにおいて、エネルギーが近く強め合う重なり(安定な軌道、すなわち結合性軌道)と、打ち消し合う重なり(不安定な軌道、すなわち反結合性軌道)が必ず同時に形成される。重なりが大きくエネルギーの変化が大きくなる分子軌道ほど、原子の状態よりも電子が安定化できるので優先的にそこに入ることになる。これが分子軌道による結合形成である。

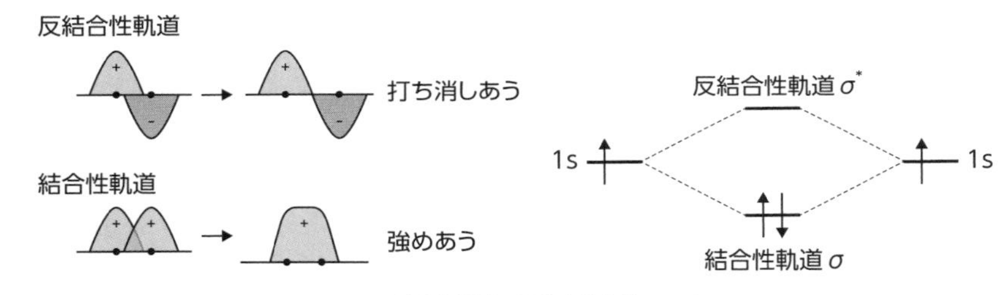

図5-10　結合性軌道と反結合性軌道のしくみ

図5-11の右に、水素分子1s軌道同士の重なりによって形成される結合性軌道σと半結合性軌道σ*の二つがエネルギーの違いで表されている(結合性をσ_gと反結合性σ_uと書くこともある)。二つの水素原子の原子軌道をそれぞれA、Bとすると、結合性軌道σは$\psi = \psi_A + \psi_B$、反結合性軌道σ*は$\psi = \psi_A - \psi_B$と示される。厳密にはA、Bそれぞれの原子軌道の波動関数に対して最低のエネルギーを与える係数を入れて$\psi = c_A\psi_A + c_B\psi_B$のように記す。

図5-11では、水素はH_2分子を形成するのにヘリウムがHe_2を形成しないことについて、それぞれの原子軌道および分子軌道のエネルギーの違いから示されている。水素の場合、分子になることで、もとの原子軌道よりもエネルギー

的に安定化する（図5-11左）。しかしヘリウム原子は1s軌道に電子を2個もっていることから、結合をつくるためには、結合性軌道とは反結合性軌道の両方に2個ずつ電子が入ることになる。総エネルギー的に原子状態よりも分子が安定化しないため、ヘリウムは分子を形成しないと説明できる（図5-11右）。

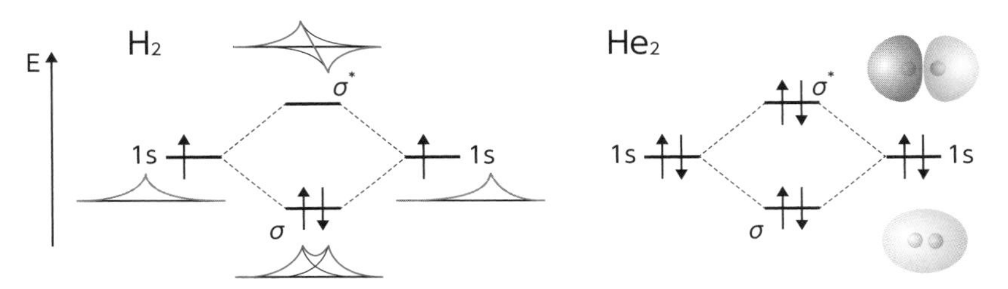

図5-11　水素分子とヘリウム分子(実際には存在しない)の分子軌道

等核二原子分子の電子配置と軌道について理解する

例題5-3

分子軌道法の考えに従ってO_2の2p軌道どうしの重なりによって形成される共有結合について説明せよ。

解答

酸素原子の電子8個の基底状態における配置は1sに2個、2sに2個、$2p_x$に2個、$2p_y$に1個、$2p_z$に1個である。1sどうし、2sどうしの重なりによる結合性と反結合性の分子軌道に2個ずつ電子が充填される。

酸素分子を作る際の、p軌道どうしの重なりによる結合性と反結合性の分子軌道(下右図参照)を考えてみる。p軌道の重なりによる分子軌道は、(a)のように軸方向にp軌道の“端”どうしの重なりによって形成される結合性軌道σ_{2p}と反結合性σ^*_{2p}、(b)のようにおよび(c)のように紙面で見て奥側への平行な方向のp軌道の“側面”どうしの重なりによる結合性軌道π_{2p}と反結合性π^*_{2p}である。右図で示された点線のように、反結合性軌道を形成する際の対称面を節(ノード)とよぶ。

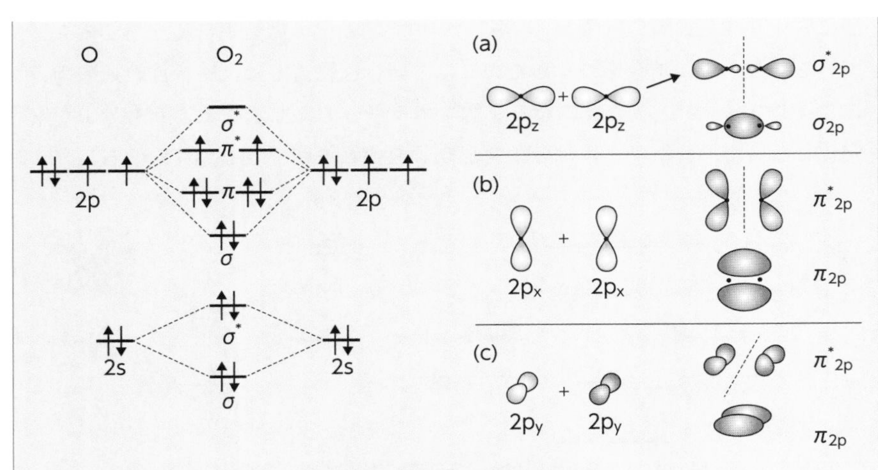

図5-12　酸素分子の軌道形成

また、原子軌道どうしが必ず重なりを作るわけではない。次の図のようなp軌道の側面とp軌道の中心 、p軌道の側面とp軌道の端、p軌道の側面とs軌道は重なりを作らない。

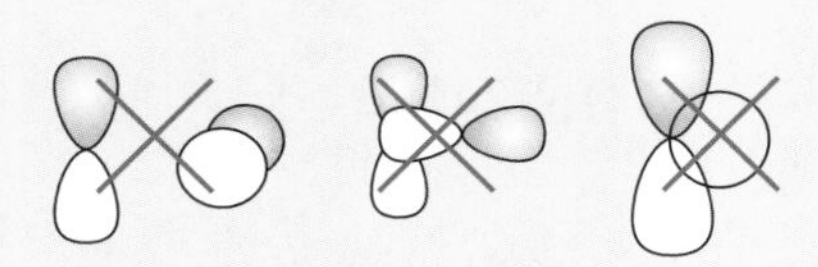

図5-13　重ならない軌道の例

酸素原子の2p軌道の4つの電子ずつが順にp軌道どうしによって新しく作られる軌道にエネルギー的に優位になるように入る。さらに反結合性のπ軌道に1つずつ同じ向きの電子が入ることになるため、これが酸素の常磁性の理由となっている。

例題5-4

窒素分子N_2と酸素分子O_2では、π_{2p}とσ_{2p}のエネルギー準位が逆転しているのはなぜか考えよ。

解答

LiからNにかけて、それぞれの原子軌道における2sと2pのエネルギーが近いため、2sと2pが相互作用する。このことがそのエネルギー準位の逆転に起因している。2s軌道と2p軌道が相互作用すると基本的には、エネルギー的に低い分子軌道はより低く、高いものはより高くなる。つまり原子軌道の重なりがエネルギー差の小さい原子軌道の間で大きくなることによる。ただしπ軌道どうしは相互作用しない。2sと2pの相互作用(影響)を考慮した分子軌道は左図のような関係になる。2sと2pがエネルギー的に近いと、σ_{2s}とσ_{2pz}が混ざり、σ^*_{2s}とσ^*_{2pz}も少し混ざることでエネルギーの高低を左右する。結合性軌道の安定化と、反結合性軌道の不安定化の度合いは、周期表の右にいくほど小さくなり、π_{2px}、π_{2py}とσ_{2pz}の間の逆転がちょうど窒素と酸素の間で起こる(図5-15)。

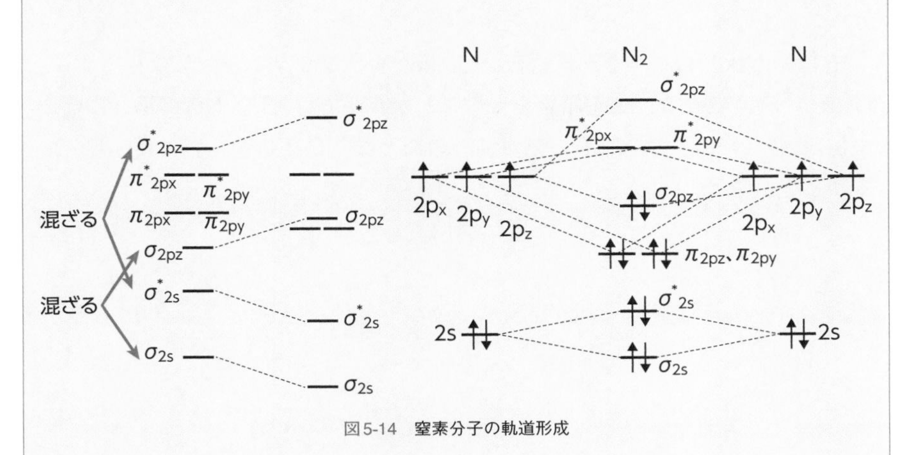

図5-14　窒素分子の軌道形成

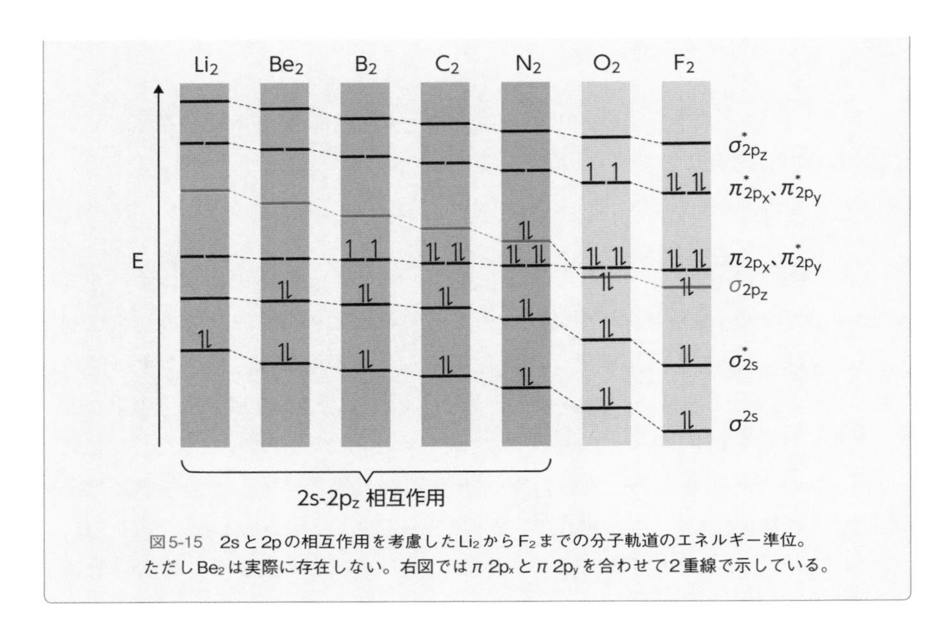

図5-15　2sと2pの相互作用を考慮したLi_2からF_2までの分子軌道のエネルギー準位。ただしBe_2は実際に存在しない。右図では$\pi 2p_x$と$\pi 2p_y$を合わせて2重線で示している。

結合次数という便利な尺度がある。(結合性軌道の電子数－反結合性軌道の電子数)÷2で求められ、結合をつくらないものは0、1より上は何重結合を作りうるかを示す。

H_2は結合次数は1つまり単結合、He_2は結合次数0は結合なしに相当する。O_2は結合次数2となり二重結合をもつことがわかる。また、NOの場合にはこの値が2.5となり、二重結合と三重結合の間となりNとOが互いに共鳴していることを示す。

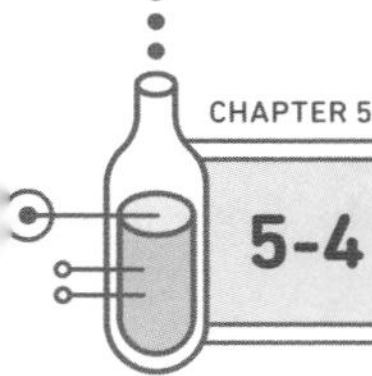

CHAPTER 5

5-4 異核二原子分子の分子軌道

異核二原子分子の場合、異なる原子軌道の重ね合わせによる分子軌道の形成を考えることになる。第3章で紹介したように異なる原子どうしでは、電気陰性度(電子を引き付ける力)が異なるため、電子雲は非対称となりどちらかの原子に偏る、つまり分極が生じることになる。つまり、各原子軌道の寄与が等しくならないことが等核二原子分子との大きな違いである。

電気陰性度の高い原子軌道が、結合性軌道に寄与しやすく、電気陰性度が低い原子の近くにある電子は不安定なため、反結合性軌道に寄与しやすくなる。

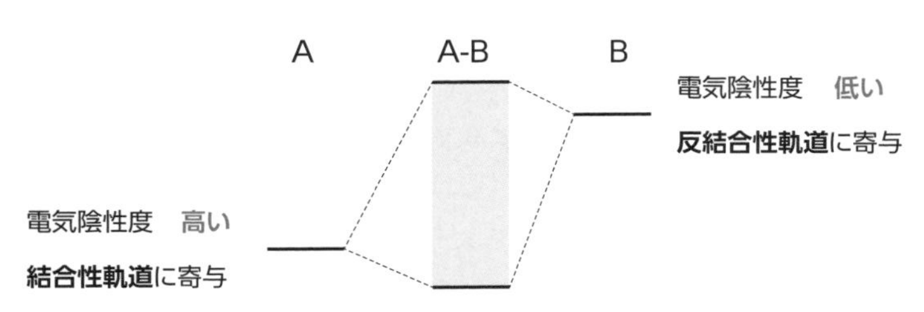

図5-16　異核二原子分子の分子軌道のイメージ

例題5-5

HFの分子軌道について、表5-1の原子軌道のエネルギー値を参考に図示せよ。

表5-1　原子軌道のエネルギー値

	H	F
2p	−	− 19.9
2s	−	− 42.8
1s	− 13.6	− 644.5

解答

表のエネルギーの値から分子軌道は1 σ、2 σ (Fの原子軌道のエネルギー値に近い:結合性軌道)、3 σ (Hの原子軌道のエネルギー値に近い:反結合性軌道)、1 π (Fの原子軌道のエネルギー値に近い:反結合性軌道)となり、下図のように書くことができる。フッ素Fは電気陰性度の大きい元素であり、HFは極性を持ち分子中の電子はF原子側に局在している。

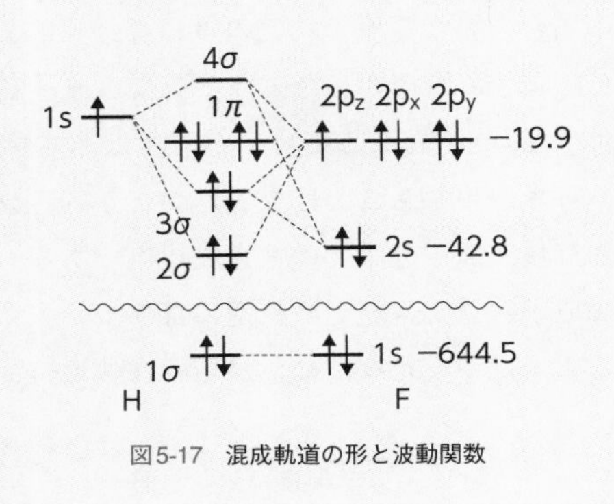

図5-17　混成軌道の形と波動関数

分子の形を理解する手助けになるVSEPR法(Valence Shell Electron-Pair Repulsion model)がある。VSEPR法では、電子対は互いに反発しあうため、空間的にできるだけ遠い位置を占めるようになることを示している。ここでいう電子対には結合電子対(BP)と非共有電子対(LP)がある。その反発の大きさはLP-LPが最も大きく、次いでLP-BP、BP-BPとなる。

水分子H_2Oやアンモニア分子NH_3がいずれもsp^3混成軌道を形成すると解釈されるが、これはVSEPR法でも説明することができる。表5-2に一般的な電子対の数と分子の形の関係を、図5-17にsp^3結合に関連する分子の例を示した。

表5-2　電子対の数と分子の形

電子対の数	2	3	4	5	6
構造	A	A	A	A	A
形	直線系	三角形	四面体形	三方両錘形	八面体形

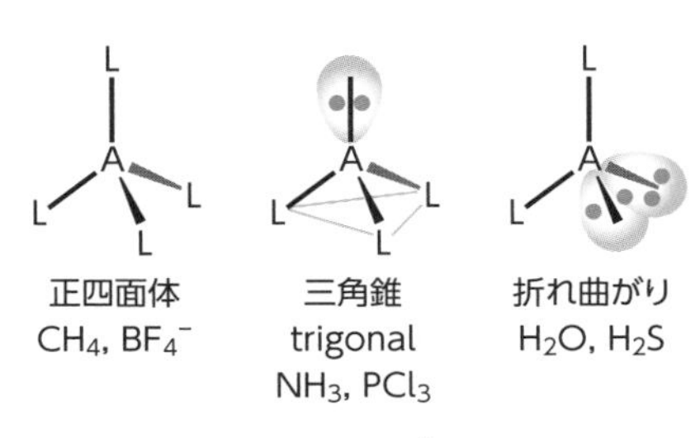

図5-18　VSEPR法に基づくsp^3結合をもつ分子の例

この表や図で示された電子対を高電子密度領域と考えると、VSEPR法はMO法と整合性があることになる。MO法では先に示したように、原子軌道の重なりによる結合形成を考える。

さらに、ここでメタン分子の混成軌道を例に各原子軌道の波動関数の重なりと幾何学的な方法で正四面体の形について考察してみよう。メタンは4個の水素原子と1個の炭素原子からなっている。原子のまわりに電子の道があるように、分子全体のまわりにも電子の軌道があってその軌道が分子の性質を決めている。

炭素原子の電子構造は$(1s)^2(2s)^2(2p)^2$であるが、メタン分子を形成するために2sの2つの電子は配置して、2s、$2p_x$、$2p_y$、$2p_z$が等価になる。図のように4つのsp^3混成軌道は原点に炭素原子Cが位置し、四面体の各頂点すなわち座標では(1,1,1)、(1,-1,-1)、(-1,1,-1)、(-1,-1,1)で表される位置に水素原子Hが位置する。ここで4つの混成軌道は1つの2s軌道と3つの2p軌道の線形結合（それぞれの定数値の足し合わせ）で表されるものとする。

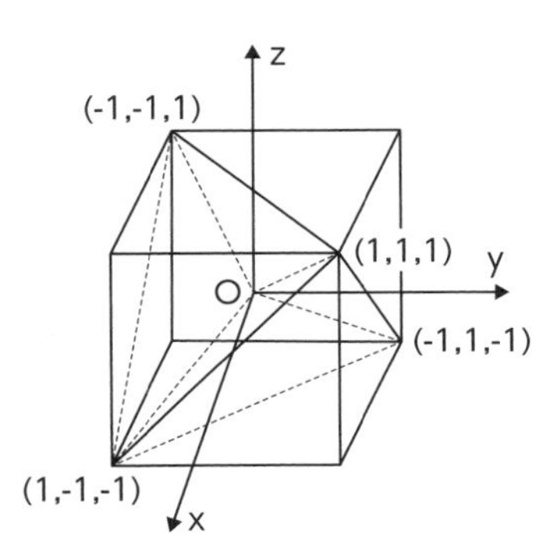

図5-19　メタンにおける炭素原子の位置関係

電子の波動関数では、全空間に分布する電子の存在確率をたし合わせば1となる必要がある。簡易的に示すと、$\int \psi(r)^2 dr = 1$ となり、これを分子軌道の「規格化条件」という。ここでは、(1,1,1)の波動関数は $\psi_1(1,1,1) = c_1\psi_{2s} + c_2(\psi_{2px} + \psi_{2py} + \psi_{2pz})$ となり、波動関数をベクトルと考えてその大きさを1にしようとすると、$c_1^2 + 3C_2^2 = 1$ となる(係数の絶対値の平方が足して1になるようにする)。さらに、あと3つの混成軌道の波動関数はそれぞれ、次のようになる。

$$\psi_2(1,-1,-1) = c_1\psi_{2s} + c_2(\psi_{2px} - \psi_{2py} - \psi_{2pz})$$
$$\psi_3(-1,1,-1) = c_1\psi_{2s} + c_2(-\psi_{2px} + \psi_{2py} - \psi_{2pz})$$
$$\psi_4(-1,-1,1) = c_1\psi_{2s} + c_2(-\psi_{2px} - \psi_{2py} + \psi_{2pz})$$

また、互いに直交する軌道の波動関数の内積はゼロになり、これを直交化条件という。上記4つの波動関数は互いに直交している。

たとえば(1,1,1)と(1,-1,-1)の波動関数との直行関係でいうと、(c_1,c_2,c_2,c_2)と$(c_1,c_2,-c_2,-c_2)$の内積をとり、それを0とおく。

$$(c_1\ c_2\ c_2\ c_2)\begin{pmatrix} c_1 \\ c_2 \\ -c_2 \\ -c_2 \end{pmatrix} = 2c_1^2 - 2c_2^2 = 0$$、よって $c_1^2 - c_2^2 = 0$ となる。

$c_1^2 + 3c_2^2 = 1$ と、$c_1^2 - c_2^2 = 0$ を解いて、$c_1 = c_2 = \frac{1}{2}$ となる。

例題5-6

エチレンを例にしてsp^2混成軌道の3つのそれぞれの軌道について、波動関数を導け。

解答

例題5-2でみたようにsp^2混成軌道は1つのs軌道と2つのp軌道の重なりで作られる。また、下の左図のように正三角形の形をしており、互いに直交している。その形状を計算しやすくするため右図のように、2s軌道と$2p_x$軌道と$2p_y$軌道を混成させてできた軌道とし、正三角形の頂点それぞれに座標を付した。

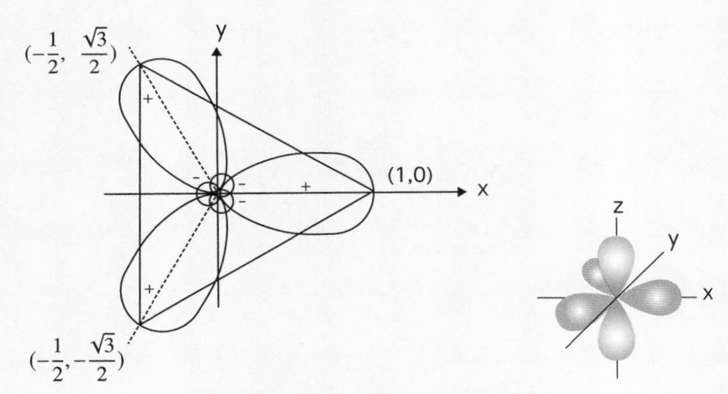

図5-20　エチレンにおける炭素原子の位置関係

(1,0)、$(-\frac{1}{2}, \frac{\sqrt{3}}{2})$、$(-\frac{1}{2}, -\frac{\sqrt{3}}{2})$それぞれの混成軌道の波動関数は未知の係数$c_1$と$c_2$を入れて次のように示すことができる。

$$\psi_1\ (1,\ 0)\ = c_1\psi_{2s} + c_2(1\,\psi_{2px} + 0\,\psi_{2py})$$

$$\psi_2\left(-\frac{1}{2}, \frac{\sqrt{3}}{2}\right) = c_1\psi_{2s} + c_2\left(-\frac{1}{2}\psi_{2px} + \frac{\sqrt{3}}{2}\psi_{2py}\right)$$

$$\psi_3\left(-\frac{1}{2}, -\frac{\sqrt{3}}{2}\right) = c_1\psi_{2s} + c_2\left(-\frac{1}{2}\psi_{2px} - \frac{\sqrt{3}}{2}\psi_{2py}\right)$$

規格化条件に従いψ_1 (1, 0)について$c_1^2 + c_2^2 = 1$となる。

また直交化条件により ψ_1 $(1, 0)$ と $\psi_2\left(-\frac{1}{2}, \frac{\sqrt{3}}{2}\right)$ のベクトルの内積をゼロとおくと、

$$(c_1\ c_2\ 0)\begin{pmatrix} c_1 \\ -\frac{1}{2}c_2 \\ \frac{\sqrt{3}}{2}c_2 \end{pmatrix} = {c_1}^2 - \frac{1}{2}{c_2}^2 = 0$$

となる。これらの関係を解くと、$c_1 = \frac{1}{\sqrt{3}}$、$c_2 = \frac{\sqrt{2}}{\sqrt{3}}$ となる。よってそれぞれの軌道の波動関数は次のように表される。

$$\psi_1 = \frac{1}{\sqrt{3}}\psi_{2s} - \frac{\sqrt{2}}{\sqrt{3}}\psi_{2px}$$

$$\psi_2 = \frac{1}{\sqrt{3}}\psi_{2s} - \frac{1}{\sqrt{6}}\psi_{2px} + \frac{1}{\sqrt{2}}\psi_{2py}$$

$$\psi_3 = \frac{1}{\sqrt{3}}\psi_{2s} - \frac{1}{\sqrt{6}}\psi_{2px} - \frac{1}{\sqrt{2}}\psi_{2py}$$

CHAPTER 5

5-5　HOMOとLUMO

電子が入った最も高い軌道をHOMO(Highest Occupied Molecular Orbital: 最高占有分子軌道)、電子が入っていない準位の最も低い軌道はLUMO (LUMO:Lowest Unoccupied Molecular Orbital: 最低非占有分子軌道)と呼ばれる。福井謙一氏が提案したフロンティア軌道論(frontier orbital theory)では、「求核試薬のHOMOと求電子試薬のLUMOのうち、それぞれの軌道の広がりが最も大きい部分が反応点になる」と説明され、有機化学の反応論で扱われる。

POINT

分子軌道を示してフロンティア軌道論について説明できる

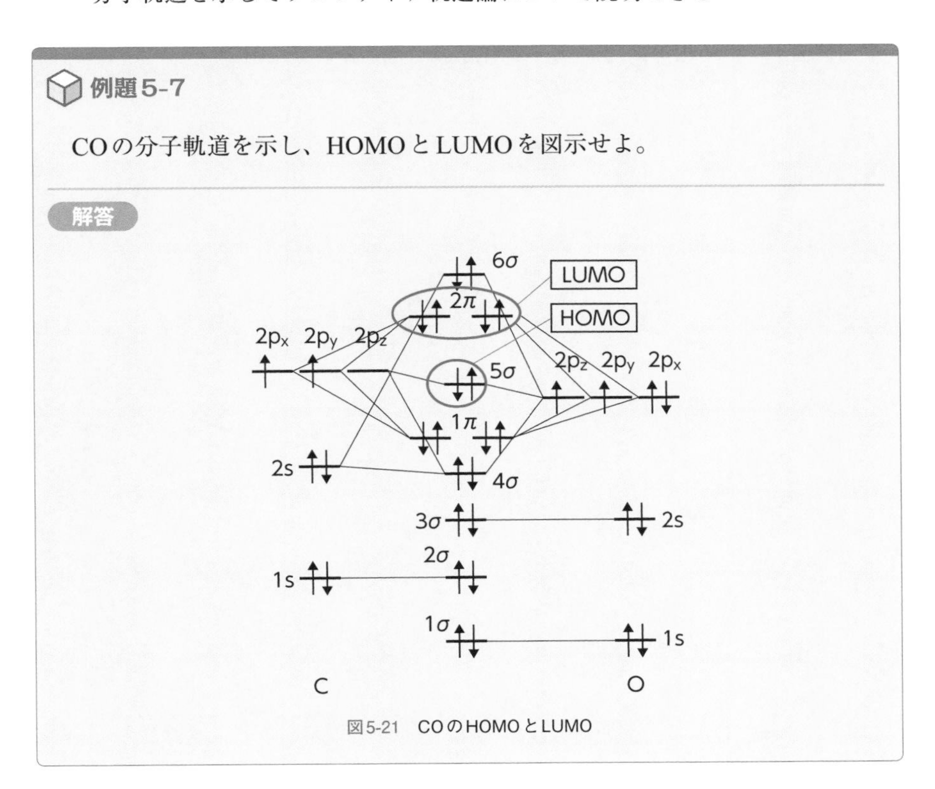

図5-21　COのHOMOとLUMO

5-6　参考文献

阿部光雄ほか著、「理工系大学 基礎化学」、講談社サイエンティフィク(1993)

J. D. Lee著、浜口博訳、「基礎無機化学(改訂版)」、東京化学同人(1979)

伊藤和男ほか著、「演習で学ぶ無機化学」三共出版(2016)

B.E. ダグラス・D.H. マクダニエル・J.J. アレキサンダー著、新村陽一・日高人才・安井隆次訳「ダグラス・マクダニエル 無機化学 第2版(上)」、東京化学同人(1986)

平尾 一之・田中 勝久・中平 敦著、「無機化学―その現代的アプローチ」東京化学同人(2002)

中田宗隆著「物理化学入門シリーズ 化学結合論」裳華房(2012)

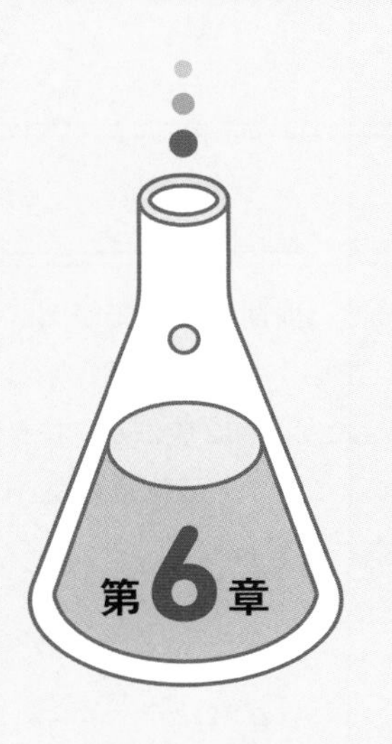

典型元素（sグループ）

本章で学ぶ内容

1. 典型元素とは
2. sブロック元素の特徴
3. sブロック元素の利用
4. 水素

本章では、周期表を各元素の電子のエネルギー順位（または最外殻の電子構造）にしたがってブロック分けできることを知った上で、典型元素の特徴を示し、ｓブロック元素の特徴とその利用について紹介する。

CHAPTER 6

6-1　典型元素とは

各元素において最大のエネルギーを持つ軌道によって、周期表の元素が図6－1のようにブロックごとにグループ分けできることを第3章で学んだ。概ねこのブロックに従って典型元素と遷移元素に分類できる。ただし、12族はdブロック元素であるがそのs軌道にも2個の電子が配置されることからd軌道の電子による特徴が反映されない。本書では12族も典型元素として扱う。

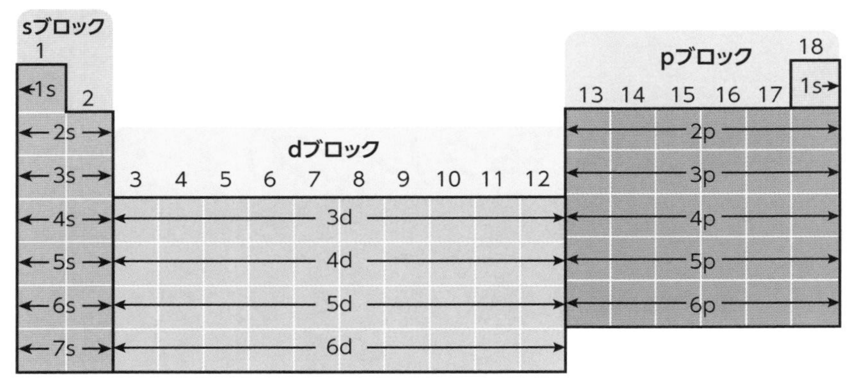

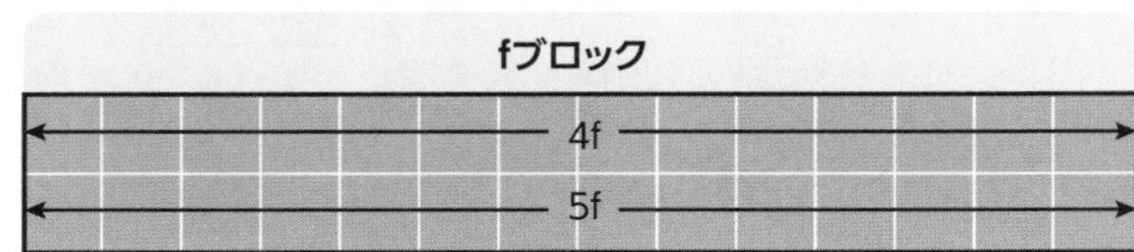

図6-1　電子のエネルギー準位でわけられる元素のブロック

典型元素は図6-2に示す周期表1、2族と12族から18族であり、族によって非金属元素と金属元素の両方から構成されることもある。14族や15族は周期が下に行くにつれて性質が大幅に変化する。典型元素は遷移元素と異なり、同じ族どうしで似た「典型」的な性質を示すことが多い。

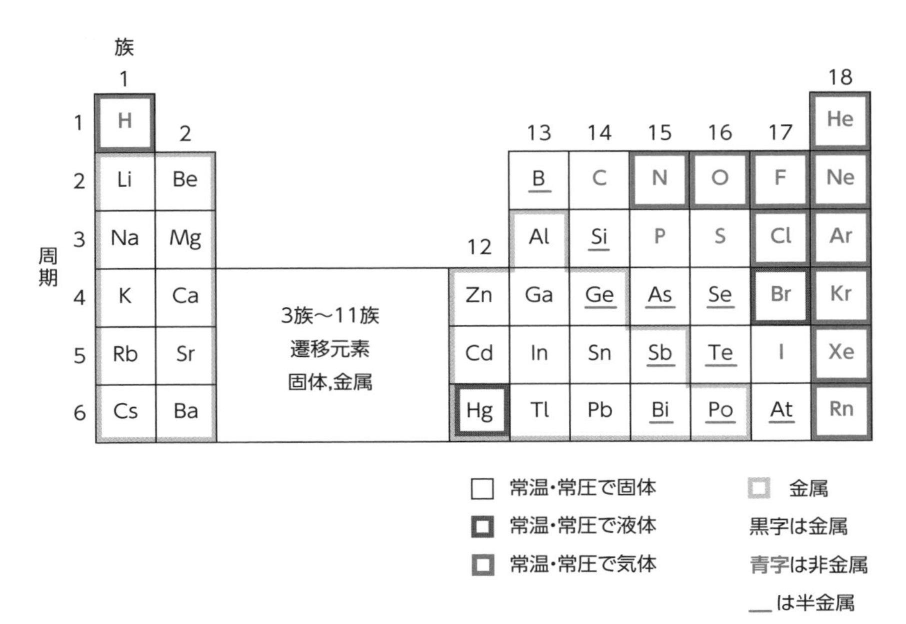
族
1
2
13
14
15
16
17
18
12
周期
1
2
3
4
5
6
H
He
Li
Be
B
C
N
O
F
Ne
Na
Mg
Al
Si
P
S
Cl
Ar
K
Ca
Zn
Ga
Ge
As
Se
Br
Kr
Rb
Sr
Cd
In
Sn
Sb
Te
I
Xe
Cs
Ba
Hg
Tl
Pb
Bi
Po
At
Rn
3族〜11族
遷移元素
固体,金属
常温・常圧で固体
常温・常圧で液体
常温・常圧で気体
金属
黒字は金属
青字は非金属
__は半金属

図6-2 典型元素の特徴

CHAPTER 6

6-2　s元素の特徴

ここで、最外殻のｓ軌道に電子を有する１族と２族の元素を紹介する。

6-2-1　1族（アルカリ金属元素）

水素Hを除く1族の元素はアルカリ金属と呼ばれる。フランシウムFrは放射性同位元素で天然にほとんど存在しない。すべてのアルカリ金属の電子配置は最外殻のs軌道に電子を1個もつ。このs軌道の1個の電子がアルカリ金属の性質に関係している。1族の元素はこの電子1個を放出すると1価の陽イオンになる。この1価の陽イオンになるためのエネルギー（第一イオン化エネルギー）は同周期では最も小さいことから、陽イオンになりやすい族といえる。同族では原子番号が大きいほどイオン化エネルギーは小さくなる、これは原子番号が小さいほど、核と最外殻電子の距離が近いため核による最外殻電子の拘束力が強いためである。

アルカリ金属の単体は軟らかい銀白色の金属であり、空気中で容易に酸化されるため、石油中で保存される。セシウムの単体は、若干黄色がかった銀色である。単体金属の構造はいずれも図6－3のような体心立方格子（詳細は第Ⅱ巻を参照）をしており、1個の原子が8個の原子と隣接する（配位数が8）。最外殻電子の数よりもたくさんの原子と隣接するのが共有結合やイオン結合と違う、金属結合の特徴のひとつでもある。しかし他の族と比べると、2族や遷移金属のものはもっと多くの原子と隣接する（大きい配位数を示す）のに対し、アルカリ金属元素の配位数は８と大きいわけではない。アルカリ金属元素が他の金属に比べて低密度や低融点を示すのは、その結晶における配位数が小さいことが原因となっている。アルカリ金属のうちでは、原子量が大きくなる程融点が低くなる。水との反応の激しさも原子量が大きいほど増加する傾向にある。

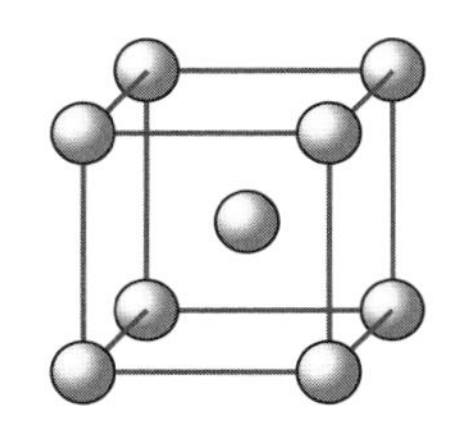

図6-3　体心立方格子(bcc)

アルカリ金属は電気陽性が高く（塩基性が高い）、ハロゲン化物、炭酸塩をつくり、これらの塩は他の族の同化合物に比べて安定である。また、アルカリ金属の酸化物は水と容易に反応して強い塩基の水酸化物をつくる。

アルカリ金属の全ての単塩は水に可溶であり、水中に存在するアルカリ金属の陽イオンは電気伝導性を示す。電気伝導性の強さは水との水和のしにくさ、つまりイオン半径の大きいものほど高くなり、$Cs^+ > Rb^+ > K^+ > Na^+ > Li^+$ の順となっている。水和していないほど陽イオンとしての移動度が高くなるためである。

表6-1　アルカリ金属とアルカリ土類金属のイオン化エネルギー

元素	第一イオン化エネルギー (kJ/mol)	第二イオン化エネルギー (kJ/mol)
アルカリ金属		
Li	520.3	7,298
Na	495.8	4,562
K	418.9	3,051
Rb	403.0	2,633
Cs	375.7	2,230
アルカリ土類金属		
Be	899.5	1,757
Mg	737.7	1,451
Ca	589.8	1,145
Sr	549.5	1,064
Ba	502.9	965.3
Ra	509.4	979.1

表6-2　アルカリ金属の性質

元素	原子半径 (Å)	イオン半径 M^+(Å)	密度 (g/cm^3)	電気陰性度	融点 (℃)	地殻中の存在量 (ppm)
Li	1.23	0.60	0.54	1.0	181	65
Na	1.57	0.95	0.97	0.9	98	28,300
K	2.03	1.33	0.86	0.8	63	25,900
Rb	2.16	1.48	1.53	0.8	39	310
Cs	2.35	1.69	1.87	0.7	29	7

6-2-2 2族（アルカリ土類金属元素）

全ての2族の元素は、最外殻軌道に2個の電子をもち、アルカリ土類金属と呼ばれる。ただし多くの高校の教科書ではベリリウムとマグネシウムをアルカリ土類金属から除くと示している。これらの2族の元素は、1族に比べて、同周期では密度、硬度、融点が高くなっている。

結晶構造は、Be（六方最密充填）、Mg（六方最密充填）、Ca（面心立方格子）、Sr（面心立方格子）、Ba（体心立方格子）となっている。ちなみに六方最密充填、面心立方格子ともに配位数は12である。

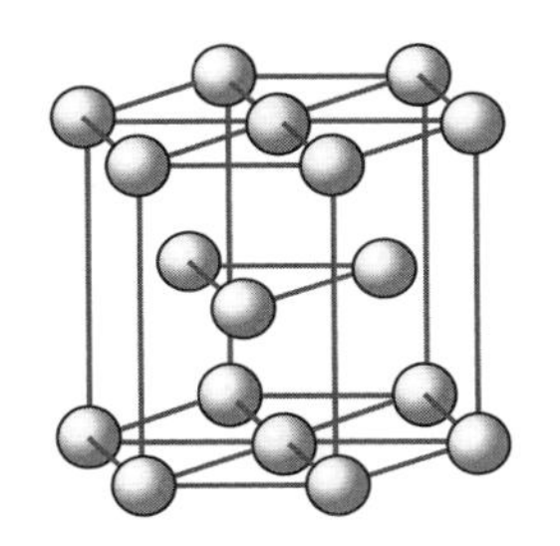
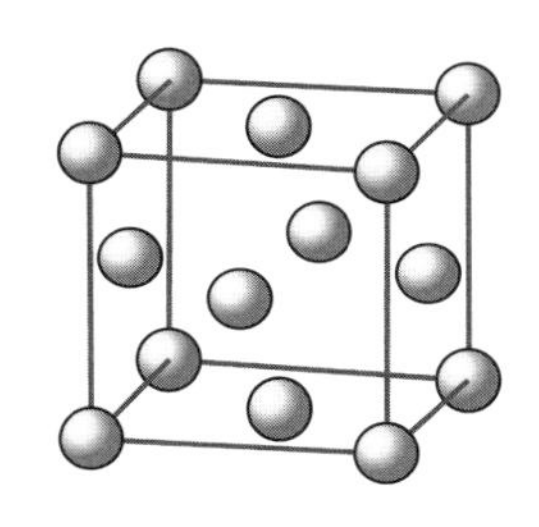

図6-4　六方最密充填(hcp)と面心立方格子(fcc)

2族の元素は塩基性を示すが1族に比べて電気陽性が弱い。水と反応して酸化物をつくる。またアルカリ土類金属のほとんどの塩の溶解度は原子量が増加するにつれて減少するが、フッ化物と水和物では順序が逆転する。

表6-3　アルカリ土類金属の性質（イオン化エネルギーは表6-1を参照）

元素	地殻中の存在量 (ppm)	原子半径 (Å)	イオン半径 M^{2+} (Å)	密度 (g/cm^3)	電気陰性度
Be	6	0.89	0.31	1.8	1.5
Mg	20,900	1.36	0.65	1.7	1.2
Ca	36,300	1.74	0.99	1.6	1.0
Sr	300	1.91	1.13	2.6	1.0
Ba	250	1.98	1.35	3.5	0.9
Ra	1.3×10^{-6}	–	1.50	5.0	–

例題6-1

表6－1において、1族元素（アルカリ金属）と2族元素（アルカリ土類金属）を同周期で比較すると、イオン化第一エネルギーはアルカリ金属の方が大きく、第二イオン化エネルギーはアルカリ土類金属の方が大きいのはなぜか。

解答

例えば第3周期のNaとMgを例にしてみる。これらの最外殻の軌道は3sであるが、Mgは原子番号を1つ大きい分、陽子が1つ多い。よって原子核の正電荷がNaより大きくなり、Mgの核の方が3s軌道の電子を強く引き付けている。原子核から最外殻の電子までの距離（または原子の大きさ）は、2族元素の方が1族元素に比べて小さくなり、2族元素の電子は原子核により強固に結び付けられている。したがって、3s軌道の第一電子を除去するには、1族よりも多くのエネルギー（第一イオン化エネルギー）が必要となる。

次に、第二イオン化エネルギーについてみると、アルカリ金属Naの第二電子を取り除くのに必要なエネルギーを考えてみる。陽イオンNa^{+}の状態ですでに、安定な希ガス構造になっている。その2p軌道つまり3sよりも内殻の軌道から電子を取り去らなければならないため、第二イオン化エネルギーはアルカリ土類金属より大きな値となる。

アルカリ土類金属の第二電子を取り除くのに必要なエネルギー（第二イオン化エネルギー）は、あと1個となっているため、より核の正電荷に拘束された状態となっている。よってその電子を取り除くのに必要なエネルギーは、第一イオン化エネルギーの約2倍の値を示す。しかし、アルカリ土類金属はあと1個の電子を取り除けば希ガス構造の安定な陽イオンMg^{2+}を形成できるので、アルカリ金属と比べるとより小さい値となる。

POINT

アルカリ土類金属の第二イオン化エネルギーは結晶における格子エネルギー、または溶液中の水和エネルギーによって相殺される。アルカリ土類金属はアルカリ金属に比べて水和結晶を作りやすい。たとえば、$MgCl_2 \cdot 6H_2O$、$CaCl_2 \cdot 6H_2O$、$BaCl_2 \cdot 2H_2O$などがその例である。

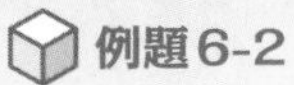

例題6-2

アルカリ金属の中のリチウムLiの特異性について示せ。

解答

①Li以外のアルカリ金属元素は、単体を大気圧下で燃焼させると、酸化物に加えて過酸化物が生成するが、Liは酸化物Li_2Oしか形成しない。Naの場合は酸化ナトリウムNa_2Oと過酸化ナトリウムNa_2O_2が、Kでは酸化カリウムとK_2Oと過酸化カリウムK_2O_2が生成する。

②Liの単体は室温で窒素と反応して窒化物Li_3Nを形成するが、それ以外のアルカリ金属元素は室温で窒素と反応しない。

③Liの水酸化物LiOHの水への溶解度は他のアルカリ金属の水酸化物に比べて小さい。またLiOHは加熱するとLi_2OとH_2Oに分解するが、他のアルカリ金属の水酸化物は分解せずに昇華する。

これらのLiの特異性の一つの原因として、他のアルカリ金属元素に比べて原子半径やイオン半径が著しく小さいことがあげられる。

例題6-3

アルカリ土類金属の中のベリリウムBeの特異性について示せ。

解答

①Be以外のアルカリ土類金属の塩化物はエタノールよりも水によく溶けるが、水酸化ベリリウムは水よりもエタノールによく溶ける。またBeの塩化物のみが固体を融解しても電流を通さない。

②他のアルカリ土類金属元素と異なり、単体金属を硝酸に浸すと表面に酸化被膜（不働態）をつくるので硝酸には溶けない。この振る舞いは、3族のアルミニウムAlに似ている。

③Beのハロゲン化物は他のアルカリ土類金属のものよりも水に溶けやすい。それはベリリウムイオンが小さいので水和によって安定化するためである。実際には水溶液中で$[Be(H_2O)_4]^{2+}$を形成する。

これらのBeの特異性はその原子番号と電子配置から原子半径の小さいことによる。その小さいサイズに対して電気陰性度が高くイオン化エネルギーが大きい。またBeの化合物は共有結合性を示す。また、Mgは3s、3p、3dの3つの軌道を使えるので、結晶や錯体を形成する際に6配位までできるのに対し、Beは第二電子核に4軌道しかないため、配位数は5以上になることができない。

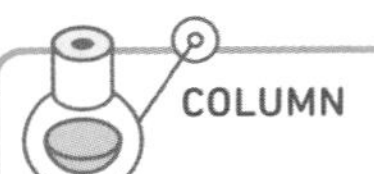

マグネシウムとクロロフィル

マグネシウムMgは実用金属の中で、最も軽量で高強度、高硬度、高振動吸収性、高切削性などの優れた性質を示す。この性質からマグネシウムは合金として20世紀初めごろから、フォルクスワーゲン、フォード、GM、マツダなどの自動車エンジンの主要部品の部材として使われてきた。また海水や岩石、生体の中などにも多く含まれ、にがり（主成分は塩化マグネシウム$MgCl_2$）や便秘薬（主成分は酸化マグネシウムMgO）にも含まれている。

植物の緑色素クロロフィルは、動物の赤い血液に含まれる成分ヘム鉄によく対比される。クロロフィルは図のように環状のポルフィリン分子の中心にMgが位置している。この構造は中心がFeであるヘム鉄とよく似ている。クロロフィルは光合成を行うバクテリアや植物に含まれており、光エネルギーを吸収して、酸化還元反応を通じて化学エネルギーへと変換する役割を果たしている。一方、ヘム鉄はヘモグロビンによる酸素の運搬や、酸素を使ったエネルギー代謝サイクルに関係している。

クロロフィルの分子構造例

6-3　s元素の利用

6-3-1　1族元素の利用

リチウムLiの代表的な利用はリチウムイオン電池である。この電池は有機溶媒を用いた非水系の電池で起電力が高いことから汎用性が高く、スマートフォンほかポータブル機器用の充放電可能な二次電源として広く使われる。水素化リチウムLiHは軽く重量あたりに生成する水素の量が多いことから水素源として利用される。

ナトリウムNaは食塩NaClに含まれる生命に必須の元素である。炭酸ナトリウムNa_2CO_3は染料や医療工業品に、炭酸水素ナトリウム（重曹）$NaHCO_3$は食品添加物（ベーキングパウダー他）などに利用される。水酸化ナトリウムNaOHは化学繊維工業、紙・パルプ、セッケン、染料、食料品等の各種化学工業に用いられている。

カリウムKは三大肥料の一つであり、植物の生長に不可欠である。とくに根の発育と細胞内の浸透圧調整に重要な役割を果たす。臭化カリウムKBrは赤外スペクトル測定用のペレット作成に利用される。また、過マンガン酸カリウム$KMnO_4$は酸化剤、消毒剤などに利用される。カリウムに代表される図6-5のようなクラウンエーテル化合物（ホスト－ゲスト化合物）は、水に不溶な$KMnO_4$などの化合物を有機溶媒に溶けるようにする役割を果たすことができ、有機合成の分野の発展に寄与している。

セシウムCsは、触媒（メチルメタアクリル樹脂製造装置）、光ファイバー用のガラス添加剤、光電変換素子（光学計測装置）などに利用されている。

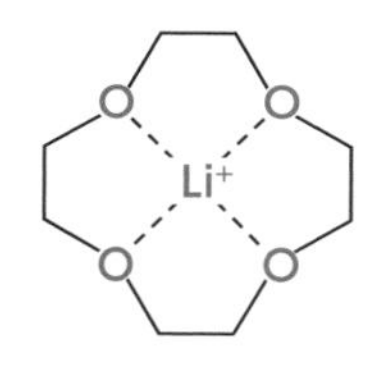

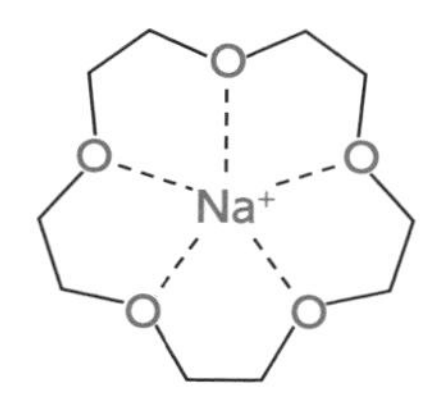

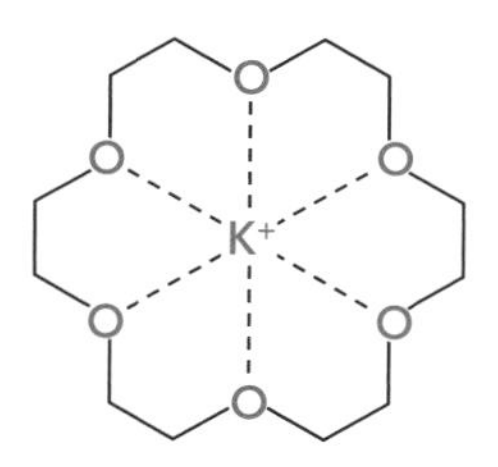

図6-5　クラウンエーテルとアルカリ金属

6-3-2 2族元素の利用

ベリリウムBeは、高温で高い展性・延性を示すため、高温条件で使用する機械部品に用いられる。曲げ強度、剛性、熱的安定性、熱伝導率が高く軽いので、音響材料や航空宇宙産業で軽量部材として利用される。またベリリウムは原子量が小さい（電子が少ない）ことからX線の透過性が高く、X線を扱う装置のX線透過窓材料としても利用される。

マグネシウムMgは、軽金属材料として種々の合金に添加されて、航空機、自動車、自転車、携帯用機器の構造物に利用され、軽量なプラスチックの代替材料として期待されている。無水$MgCl_2$はマグネシウムの電解製造に重要で、またマグネシウム単体は反応性の高さから脱酸素剤、脱硫剤にも利用される。有機合成において、マグネシウムはグリニャール試薬（R-MgX）として重要な中間体となる。

カルシウムCaは炭酸カルシウム$CaCO_3$として天然に広く存在する。例えばサンゴの骨格、天然の貝類の殻、鶏卵の殻を形成し、炭酸カルシウムは天然鉱物としてカルシウム化合物の原料になる。カルシウムの化合物は、広く建設・建築用資材の原料、製鋼工程での添加剤、ガラスの原料、乾燥剤、食品添加物、研磨剤、肥料などに利用される。

ストロンチウムSrの炎色反応が紅色を示すことから、花火や発炎筒に塩化ストロンチウム$SrCl_2$などが用いられる。炭酸ストロンチウム$SrCO_3$はフェライトなど磁性材料の原料に利用され、単体のストロンチウムは真空装置中のガス吸着用に利用される。

6-4 水素

水素は原子番号１番であり、１族の最初の元素だが他の１族元素とは違い金属のような性質を示さない。我々にとって最も身近な物質である水を構成し、他の元素と容易に水素化物をつくる。電子を1個受け取るとHeと同じ閉殻の電子配置になるため、陰イオンH^-にもなる。

水素の同位体には、原子核の構成要素が陽子ひとつだけである水素（軽水素またはプロチウム）^1H、中性子が１つの重水素（デューテリウム）^2HまたはD、中性子が２つの三重水素（トリチウム）^3HまたはTの3種類が存在する。^1H、^2H、^3Hの天然の存在比は、それぞれ99.985%、0.015%、ごく微量（10^{-17}程度）となっている。これらの同位体は、質量比が^1H、^2H、^3Hでそれぞれ１：２：３程度と大きく開いているために化学反応における同位体効果が他の元素に比べて顕著になるため、トレーサーとして利用される。

水素の陽イオンは電子1個を失うことにより、電子を全く有さない物質となるが、水中では容易に水分子と結合してヒドロニウムイオンH_3O^+となる（高校化学では、3つの化学結合を持つ酸素の陽イオンの総称オキソニウムイオンの名称が使われる）。

水素分子には、原子核のスピン状態の違いにより、二つの核スピンが対称なものをオルソ（またはオルト）水素といい、反対称なものをパラ水素と呼んでいる。常温ではオルソ水素が75%とパラ水素が25%（3：1）の割合で存在するが、低温の－252℃では時間をかけてオルソ水素からほとんどがパラ水素に転換していく（99.7%）。その理由は、液化水素のような極低温状態では分子回転状態がほぼ基底状態になるためで、高い回転エネルギーを持つオルト水素と低い回転エネルギーを持つパラ水素間の転換が生じるからである。ただし、この変換は非常にゆっくりとしか進行せず、また、オルソ水素からパラ水素へと変換する時に熱を発生する。この熱量は液体水素の蒸発潜熱より大きいため、長時間経つとオルソからパラ水素への変換時の熱により水素が蒸発し、液化水素は徐々にガス化して長期の保存が困難となる。

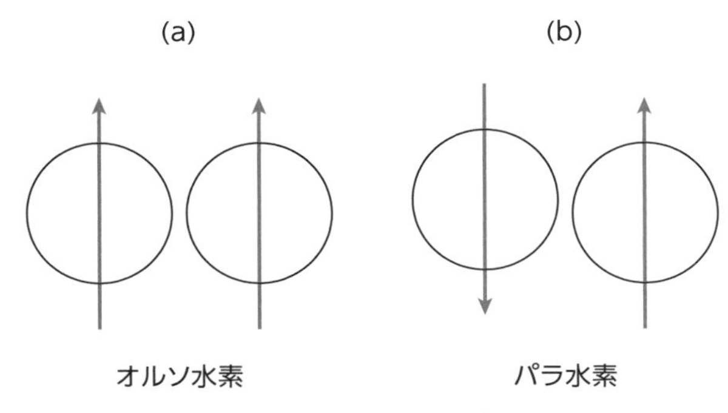

図6-6　オルソ水素とパラ水素

水素は今後、燃料電池自動車をはじめ、次世代のエネルギー源として大きく期待されていて液化水素の需要拡大も見込まれている。しかし、常温のオルソとパラが3：1のものを急激に冷却して得られた液化水素にはたくさんのオルソ水素が含まれているので、そのままでは時間の経過に伴うパラへの転換による発熱で気化してしまい、ロスしてしまうことになる。よって、水素を低温で液化保存するためには、触媒の利用などにより、オルソ・パラ転換を促進する触媒を用意し、あらかじめパラ水素の比率を高めるなどの工夫が必要である。

例題6-3

水素化物の中で、塩類似水素化物、金属類似水素化物、分子状化合物についてそれぞれ例を示し、特徴を示せ。

解答

水素の化合物は塩類似化合物（M^+H^-）、金属類似化合物、分子状化合物（A–H）の3つに分けられる。
塩類似化合物（M^+H^-）を形成する際、水素は陰イオンH^-として化合物を構成する。LiH, NaH, KH, CaH_2などがその例である。アルカリ金属またはアルカリ土類金蔵と水素分子の反応で直接作られ、強塩基（水素の引き抜き剤）として利用される。

金属類似水素化物は、水素原子を取り込んで合金のようなものを作る。

通常の金属の伝導電子と同様に、金属に取り込まれた水素原子の電子も伝導電子として結晶中に広がる。金属類似水素化物は、水素吸蔵合金（PdやTi、Laなど）として液体水素よりも水素密度が高い状態を作ることができる。そのほかニッケル水素化物はニッケル水素電池に利用されている。

分子状化合物において、水素は他の炭素、酸素、ホウ素などとC–H、O–H、B–Hなどの共有結合を形成する。典型元素との水素化物はすべて分子状化合物である。H_2O、NH_3、CH_4、B_2H_6などがその例である。

CHAPTER 6

6-5　参考文献

J. D. Lee著、浜口博訳、「基礎無機化学（改訂版）」、東京化学同人（1979）

平尾一之・田中勝久・中平敦著、「無機化学—その現代的アプローチ」東京化学同人（2002）

平尾一之・田中勝久・中平 敦・幸塚広光・滝澤博胤著、「演習無機化学－基本から大学院入試まで－」東京化学同人 (2005)

鵜沼英郎・尾形健明著、「理工系基礎レクチャー無機化学」、化学同人(2007) p.119-120

Chem-Station、有機の王冠のページ：
https://www.chem-station.com/blog/2002/02/crown_ether.html （2019/3/25閲覧）

九州大学水素材料先端科学研究センター、水素物性研究チーム著「オルソ水素とノーマル水素」Hydrogenius News vol.4、2008年：
http://hydrogenius.kyushu-u.ac.jp/ci/newsletter/vol04.pdf

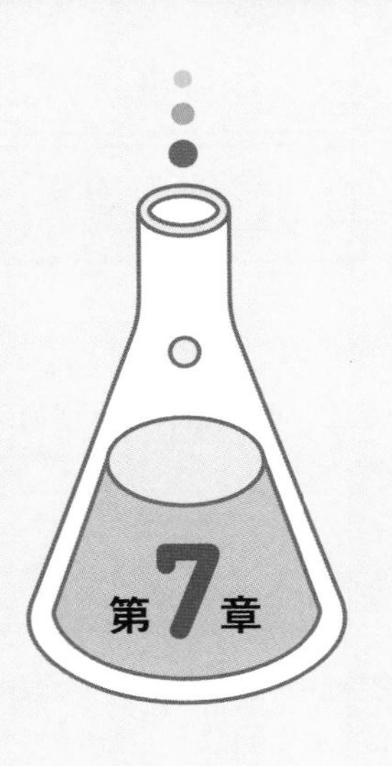

典型元素（pブロック元素と12族）

本章で学ぶ内容

1. pブロック元素の特徴
2. pブロック元素の利用
3. 12族の元素の特徴と利用

いずれも典型元素のpブロック元素は最外殻がs軌道の電子数+p軌道の電子数をもち、p軌道に電子が詰まっていく。この章ではpブロック元素および12族元素について、その特徴と利用について紹介する。

7-1　pブロック元素の特徴

7-1-1 酸化数

酸化数は、単体に比べて、どれだけ電子を失ったかを示す。酸化されると増加、還元されると減少する。ここでは、以下のルールに従う。

1) 原子が中性の場合、その原子の酸化数は0
2) 分子が中性の場合、構成元素の酸化数の合計は0
3) 原子がイオンの場合、その原子の酸化数はイオンの価数と等しい
4) 分子がイオンの場合、構成元素の酸化数の合計はイオンの価数と等しい
5) H、Oの分子中での酸化数は+1、－2とする。
6) 分子中のアルカリ元素の酸化数は+1、アルカリ土類は+2、ハロゲンは－1とする。

7-1-2 13族(ホウ素族元素)

13族にはホウ素B、アルミニウムAl、ガリウムGa、インジウムIn、タリウムTlなどが属する。13族元素の最外殻軌道はns^2np^1(nは2、3、4…)であることから3個の電子を失うと希ガス電子配置となって安定化するため、+3の陽イオンをつくり、化合物中での基本的な酸化数は+3となる。原子番号の大きいTlは不活性電子対効果(最外殻のs軌道の電子対は結合に関与せず内殻のp殻の電子が共有結合に関わる現象)により酸化数+1の状態でも化合物をつくれる。各元素の電気陽性はBからAlで増加し、AlからTlに向けて減少する。Alは「両性金属」で、酸にも塩基にも溶解するが、濃硝酸HNO_3に浸すと、表面に酸化物Al_2O_3の緻密な酸化被膜(不動態)が生じるため溶解しない。

6章の図6-2に示したように13族のうちBは非金属であるが、その他の元素は金属の性質を示す。ただし全体的に13族の元素の作る結合は共有結合性が大きく、特にBの共有結合性は大きい。

水素化物の例として、ボラン(BH_3)とアラン(AlH_3)は同じくオクテット則を満たしておらず、原子上にルイス酸性を示す「空のp軌道」を持っている(図7-1)。ボランは、この空のp軌道を満たすように二つの分子がすぐに二量化してジボランとなる。

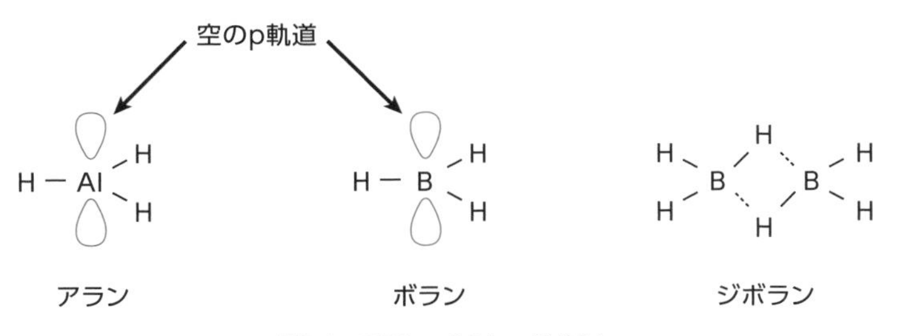

図7-1　アラン、ボラン、ジボラン

例題 7-1

ジボランがもつ三中心二電子結合について説明せよ。

解答

図7-2のように、ホウ素の持つ2sと2p軌道の電子の数より、ボランのホウ素が二量化する際に形成される4つのsp^3軌道のうち一つは空になる。ジボランにおいては、中心のB-H-Bの3つの原子をつなぐ結合には、電子が2個しか存在できないためジボランは電子不足化合物となる。その結合は三中心二電子結合と呼ばれる。

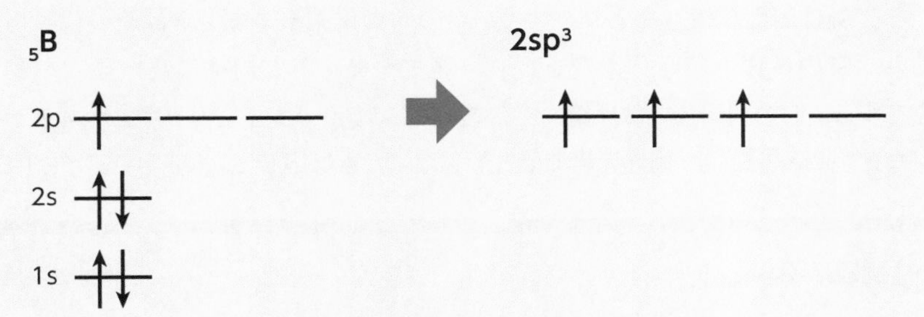

図7-2　ホウ素のsp^3軌道形成

このような結合が形成されるのは、分子軌道法に基づくと、図7-3のように2つのホウ素と1つの水素の軌道が重なり、下から順に結合性、非結合性、反結合性の3つの軌道が出来、最もエネルギーの低い結合性軌道に電子が2個入ることで三つの原子をつなげる三中心二電子結合でも安定化するからである。

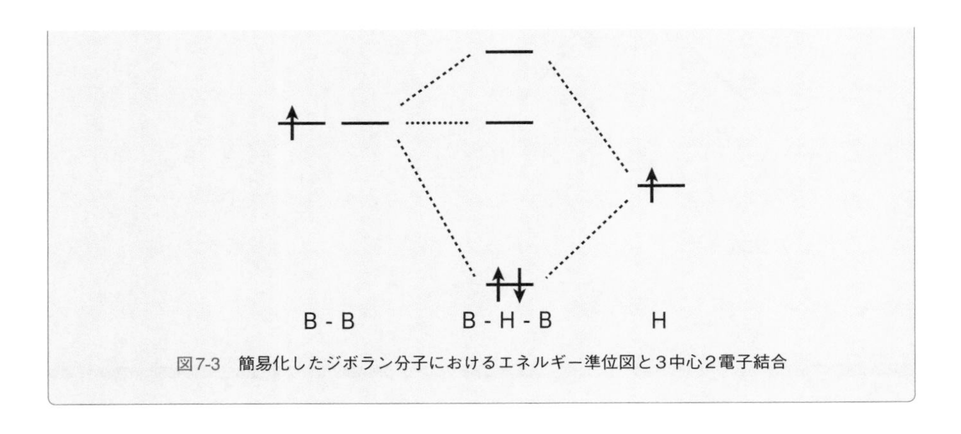

図7-3　簡易化したジボラン分子におけるエネルギー準位図と3中心2電子結合

7-1-3 14族(炭素族)

14族には、炭素C、ケイ素Si、ゲルマニウムGe、スズSn、鉛Pbなどの元素が属する。CとSiは非金属、Geは半金属で若干の金属の特徴を持ち、SnとPbは金属である。14族元素の最外殻軌道はns^2np^2(nは2、3、4…)であることから+4または－4の酸化状態で結合を形成する。いずれの元素の二酸化物(CO_2、SiO_2など)は+4の、いずれの水素化物(CH_4やSiO_4など)は－4の酸化状態となる。原子番号の大きい元素、例えばSnには活性電子対効果により+2の酸化状態がある。

CとSiは四面体構造をとりやすく、Cの同素体ダイヤモンドはその代表例である。Siの単体も四面体構造をとり、ダイヤモンドと同様に高い硬度や融点を有する。Cの同素体には黒鉛、ダイヤモンド、フラーレン、カーボンナノチューブなどがある。Snは、両性元素で酸とも強塩基とも反応して、水素H_2を発生する。

例題7-2

14族元素の単体の電気伝導性について説明せよ。

解答

炭素Cは非金属に分類され、その同素体のうちダイヤモンドは絶縁体である。フラーレンも電気伝導性はほとんど示さない。ケイ素SiとゲルマニウムGeは半導体で、スズSn(βスズ)と鉛Pbは伝導性を示す。ただしスズにおいて、αスズは共有結合性結晶で電気伝導性を示さない。また炭素の同素体のうち黒鉛においては電気伝導性を示す。その理由は、黒鉛がシート構造をもち、結合に関与する価電子4個のうち1個が平面網目構造の層(シート)を自由に移動することができるためである。カーボンナノチューブも基本構造は黒鉛と同じであり、電気伝導性を示す。

7-1-4 15族(窒素族元素)

15族には窒素N、リンP、ヒ素As、アンチモンSb、ビスマスBiなどの元素が属し、総称して窒素族元素という。これらの元素の最外殻電子配置はns^2np^3である(nは2、3、4…)。最外殻に5つの電子を有し最大の酸化数は+5をとる。不活性電子対効果は原子番号が大きくなるにつれて大きくなり、s電子の対が残って内側のp電子だけが結合に使われると3価で安定化する。窒素の場合、+1から+5までの酸化数を示す。窒素族元素の単体のうち、15族のうち窒素N_2のみが常温で気体、他の元素はすべて固体である。NとPは生体の主要元素で、Nはアミノ酸やタンパク質を、PはDNAやATPを構成する。またこの二つはKとともに植物の三大肥料でもある。

例題7-3

窒素の1から5価までの酸化数を有する化合物の例とそれぞれの性質を示せ。

解答

表7-1のようになる。

表7-1　各酸化数の窒素酸化物

化合物	分子式	酸化数	状態	色	性質
一酸化二窒素	N_2O	+1	気体	無色	笑気、吸入麻酔薬として使われる。
一酸化窒素	NO	+2	気体	無色	血管内皮細胞由来血管拡張因子。空気中で酸化されやすく、NO_2となる。
三酸化二窒素	N_2O_3	+3	気体	褐色	亜硝酸の無水物。
二酸化窒素	NO_2	+4	気体	褐色	環境汚染物質で猛毒。両化合物は以下のような平衡状態を取る。 $2NO_2 \rightleftarrows N_2O_4$
四酸化二窒素	N_2O_4	+4	液体	無色	
五酸化二窒素	N_2O_5	+5	固体	無色	硝酸の無水物であり、強い酸化力を持つ。

7-1-5 16族(酸素族元素またはカルコゲン)

16族には酸素O、硫黄S、セレンSe、テルルTe、ポロニウムPoなどの元素が属し、総称して「酸素族元素」、または「カルコゲン」とも呼ぶ。カルコゲンには酸素を含まないこともある。カルコゲン化物イオンというとO^{2-}、S^{2-}、Se^{2-}、Te^{2-}を示す。

酸素は地球上でもっとも豊富に存在する元素で、単体としても他の元素との化合物としても安定である。水を構成する元素であり、生命にも必須の元素である。最外殻の軌道がns^2np^4である(nは2、3、4…)ことから基本的な酸化数は-2であるが、S、Se、Teは-2の電荷の陰イオンをほとんど作らず、また電気陽性の高い元素とでもイオン結合性をもつ化合物をつくりにくい。16族元素の単体は、酸素O_2のみが常温で気体であるが、他はすべて固体である。OからSeは共有結合性が高いが、TeとPoには金属の性質を多少示す。SやSeでは、同じ元素の原子間で結合を作り、鎖状に長く連なって結合する性質、カテネーション(catenation)を示す。ゴム状硫黄の長い鎖が代表的な例で50万個以上の硫黄原子が繋がる。

例題7-4

酸性酸化物および塩基性酸化物の例をいくつかあげて、その特徴を説明せよ。

解答

酸性酸化物の例:B_2O_3、CO_2、NO_2、SiO_2、P_4O_{10}、SO_2、SO_3、Cl_2O_7など。これらの特徴は、水と反応して酸性を示し、塩基と反応して塩を生じる。

塩基性酸化物の例:Na_2O、MgO、CaO、Fe_2O_3、CuO、BaO、MnO、ZrO、La_2O_3など。これらの特徴は、水と反応して塩基性を示したり、酸と反応して塩を生じたりする。

例題7-5

電気伝導性を示す酸化物を探してみよ。

解答

一般的に、酸化物中の原子の価電子はすべて結合形成に使われるため、電子による電気伝導は生じない。安定なイオンから構成されている酸化物の多くが電気を流さないといえる。しかし、酸化インジウム(In_2O_3), 酸化スズ(SnO)などは少量の不純物をドーピングすることで導電性を示す酸化物として実用化されている(スマートフォンなどのタッチパネルなど)。これら酸化物中の酸素の空孔がドナーとなり、n型の電気伝導性を示し、電子伝導性である。

ReO_3は低い電気抵抗を示す酸化物であり、この伝導性については自由な5d電子の移動によると考えられている。

7-1-6 17族(ハロゲン)

17族にはフッ素F、塩素Cl、臭素Br、ヨウ素Iなどの元素が属し、総称してハロゲンという。最外殻軌道がns^2np^5(nは2、3、4…)である。外部から電子を1個受け取ると、希ガスの電子配置となり安定化するため、−1のイオン価を持つイオンになりやすい。Fは最も大きな電気陰性度を有する元素で、−1の酸化数しか持たない。その他の17族の元素は、−1のほかに+1、+3、+5、+7の酸化数も可能である。ClとBrにおいては+4や+6の化合物も存在する。+3以上の状態では電子のない空のd軌道が結合に関わる。17族の元素はすべて同じ原子と二原子分子をつくり典型的な共有結合性を示す。

17族の元素すべての元素が反応性に富み、Fの反応性が一番高い。また、いずれの元素も酸化剤として作用し、原子番号が増えるに従い酸化力は小さくなる。

17族(ハロゲン)の各元素の単体と水の反応について反応式を示し、特徴を述べよ。

解答

フッ素F_2：水と激しく反応し、フッ化水素と酸素をつくる。

$2F_2 + H_2O \rightarrow 4HF + O_2$

塩素Cl_2：水と反応して溶け塩酸と次亜塩素酸をつくり平衡状態になる。また次亜塩素酸は徐々に分解して塩化水素と酸素になる。

$Cl_2 + H_2O \rightleftarrows HCl + HClO$
$2HClO \rightarrow 2HCl + O_2$

臭素Br_2：塩素と同様に水と反応して溶けて、臭化水素酸と次亜臭素酸を生成する。

$Br_2 + H_2O \rightleftarrows HBr + HBrO$

ヨウ素I_2：常温常圧で分子結晶を形成していて、水には溶けにくく、水に対する溶解度は0.03 g/100 ml (20 ℃)である。塩素や臭素で示したような水との反応の平衡は著しく左に傾いている。

7-1-7 18族(希(貴)ガス)

第18族に属するヘリウムHe、ネオンNe、アルゴンAr、クリプトンKr、キセノンXn、ラドンRnなどの元素を、総称して希(貴)ガスという。原子軌道はすべて閉殻であるためどのような元素よりもイオン化エネルギーが高くイオンになりにくく、電子親和力もゼロに近い。そのため非常に反応性に乏しく不活性である。Xeだけ例外的に化合物(フッ化物や酸化物)を生成することができるが、その理由は原子半径が大きいために相対的にイオン化エネルギーが小さいためである。

18族元素の原子間にはたらく唯一の力は、非常に弱いファンデルワールス力だけであり、融点も沸点も非常に低い。

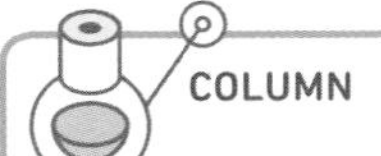

地味に活躍するホウ素

ホウ素は天然のホウ砂に含まれることから、古代より知られていた。「ホウ素」の英名 Boronは、アラビア語で白色のホウ砂を意味する buraqh に由来している。ホウ素は自然界でホウ砂 ($Na_2B_4O_7 \cdot 10H_2O$)、コレマナイト $Ca_2B_6O_{11} \cdot 5H_2O$、ウレキサイト $NaCaB_5O_9 \cdot 8H_2O$、などの鉱石の中に含まれている。わが国ではホウ砂をはじめ、ほとんどのホウ素含有鉱石が産出しない。

ホウ素は地味な元素と思われているかもしれない。しかし工業的にも身近な私たちの暮らしにおいても重要な役割を担っている。ホウ素の第一番目の用途はグラスファイバーである。グラスファイバーはいろいろな材料の強度や耐熱性を向上することができる。グラスファイバーの入った繊維強化プラスチック (FRP)、耐熱材、スタッドレスタイヤなどが主要な製品である。ホウ素を窒素と化合させて得られる窒化ホウ素 (BN) は、ダイヤモンドよりもずっと安価にもかかわらず、ダイヤモンドに近い硬度と勝る耐熱性を示すため、産業用の研磨剤として活躍する。他に、ホウ素はp型半導体の添加剤(ドーパント)、高分子合成における架橋剤、パイレックスなどの硬質ガラス (ホウ珪酸ガラス)、フェロボロン (Fe-B 二元合金) 特殊鋼添加剤や、ホウ酸 H_3BO_3 として目薬やゴキブリなどの殺虫・防虫剤にも使われている。

CHAPTER 7

7-2　pブロック元素の利用

7-2-1 13族元素の利用

ホウ素Bの単体は化学的に不活性で、耐酸性が強くフッ化水素酸HFにも侵されない。窒化ホウ素BNは、炭素Cの同素体のダイヤモンドやカーボンナノチューブなどに近い構造をつくる。立方体晶窒化ホウ素はダイヤモンドと同様の硬度を示し、結晶構造も同様である。立方体晶窒化ホウ素では、BとNは、交互に位置して正四面体構造をつくる。それぞれの原子が共有結合を4本作るとき、Bは電子対が1対足らず、Nは電子対が1対余るため、BとNの原子間には配位結合が形成され、共有結合と同等の結合となる。

Alの金属は軽くて強度があるため、幅広く構造材料に用いられている。また、Alの電気分解により表面を不動態にしたものを「アルマイト」と呼び、弁当箱、鍋などの家庭用品から、建材、航空機の内装品などにも利用されている。Alの酸化物Al_2O_3は絶縁性が高い高熱伝導率を示すセラミックスとして歯科材料、絶縁ガラス、触媒の単体など幅広く用いられる。

7-2-2 14族元素の利用

炭素の単体や酸化物を除き、炭素を含む化合物を有機物という。生命体の基本元素でありそれが有機物の名前の由来となっている。地球上の炭素の循環は生態系の基本的な構造をなす。その仕組みの中でエネルギー利用や、農業、生物界がバランスを保たなければ地球温暖化や生物多様性の崩壊が起きてしまう。

ケイ素Siは古くガラスの成分として利用され、現在社会では半導体や電子デバイスに欠かせない、現代社会を支える元素のひとつである。ちなみにケイ素を骨格に有する生物種も少なくない。

スズSnを鉄板にめっきするとブリキが得られる。ブリキにすると、錆びやすい鉄Fe表面全体をSnで覆うことで、内部の鉄の酸化を防げる。缶詰、バケツ容器、玩具などに長年使われてきた。

鉛Pbは低融点(328℃)で軟らかいことから、加工しやすく大昔の鉛筆や下水道管に利用されていた。

7-2-3 15族元素の利用

窒素Nの単体N_2は不活性ガスとして合成反応の雰囲気制御やガスクロマトグラフィーのキャリアガスに、また冷却して得られる液体窒素は冷却材として利用される。窒素の化合物のうち、アンモニア態または硝酸態の塩は化学肥料として利用される。窒素を含む有機化合物の代表例にはニトログリセリンがあり、狭心症治療薬として、またダイナマイトの原料として利用される。

リンPもリン酸態の塩が肥料として利用される。その他にマッチ、洗剤、食品添加物、歯磨き材、電池材料(特にリチウムイオン電池)、農薬、医薬品、化学兵器などに利用される。猛毒サリンもリンの化合物である。カルシウムリン酸塩のヒドロキシアパタイト$Ca_5(PO_4)_3(OH)$は動物の歯や骨の構成成分で、人工材料の利用も進んでいる。

ヒ素Asはその毒性を利用して農薬、防腐剤に使用される。ヒ素を不純物として合成されるヒ化ガリウム(GaAs)は発光ダイオードや通信用の高速トランジスタなどに用いられる。

ビスマスBiは、鉛フリーはんだの添加物や、低融点合金の添加物に利用される。高比重・低融点で比較的柔らかく無害であることを利用して鉛の代替として、散弾、釣り用錘、ガラスの材料などに用いられる。

7-2-4 16族元素の利用

酸素Oの単体O_2は生物に必須の気体であるとともに、数多くの元素と酸化物をつくる。オゾンO_3は自然界にも存在するが、殺菌剤として上下水道設備の高度浄化設備として利用される。

硫黄Sの単体は火薬の原料、合成繊維、医薬品、農薬、などで利用されるほか、食品、医薬品、繊維業界などさまざまな分野で必要とされる硫化物、硫黄酸化物などの化合物の原料になる。

セレンSeの単体(金属)は、半導体性や光伝導性があるため、コピー機の感光ドラムや、セレン整流器、カメラの露出計などに使われる。しかし毒性から、現在では使用が制限されている。

テルルTeは産出量が少なくレアメタルとして位置づけられている。単体は毒性があるが、テルル添加合金は快削性や耐食性が高い。他にDVD-RAMの記憶媒体、太陽電池や、熱電変換素子の材料としても使われる。

7-2-5 17族元素の利用

 **例題 7-7**

ハロゲンの利用について調べてみよ。

解答

フッ素Fの単体F_2はフッ素化剤として反応に用いられ、その代表例はウラン235(^{235}U)濃縮用のフッ化ウラン(UF_6)の製造である。フッ素化合物の用途は多い。蛍石CaF_2は製鋼における融剤に、また望遠鏡や写真用望遠レンズに利用される。歯磨き粉、歯科治療剤、ガラスの屈折率制御材、テフロンなどのフッ化物樹脂の原料などである

塩素Clの単体Cl_2は常温・常圧では気体であり、毒性、漂白作用、殺菌作用が強いために殺菌や漂白目的のほか、化学兵器(毒ガス)として利用されることがある。ただし単体での扱いは困難なため次亜塩素酸ナトリウムなどにして利用される。フロンや有機塩素系化合物の構成元素でもあり、環境や生態への影響力が大きい。

臭素Brの単体Br_2は常温・常圧では液体である。塩素ほどではないが毒性が高い。農薬や医薬品、また紫色の染料として利用されてきた。臭素を含む有機物としては、有鉛ガソリンの添加剤、消火剤(ハロン)、土壌燻蒸剤などの用途がある。臭化銀は写真の感光材料である。ヨウ素Iの単体は合成反応の触媒などの用途のほか目立つものがほとんどないが、ヨウ化物としては用途が多い。うがい薬、レントゲン造影剤、殺菌・防かび剤の原料、農業分(除草剤や飼料添加物など)、液晶の偏光フィルムにも利用される。

7-2-6 18族元素の利用

単体のヘリウムHeやArは不活性ガスとして反応雰囲気ガスとして、ガスクロマトグラフィーのキャリアガスとして使われる。また、真空ガラス管内に、ヘリウムHeやネオンNeを封入し、電圧をかけて放電すると、励起された状態になりこれが基底状態に戻る際に発光する原理を用いて、レーザー源や発光管として利用される。また^4Heの常圧での沸点は4.21 Kと低く、超電導用冷却材として利用される。

CHAPTER 7

7-3　12族の元素(亜鉛、カドミウム、水銀)

12族の亜鉛、カドミウム、水銀は、$(n\text{-}1)d^{10}ns^2$(nは4、5、6…)の電子配置を持ち、dブロックに位置するが内殻のd軌道が満たされているために典型元素類似の性質を示す。原子番号が大きくなるほど反応性は下がる。+2の酸化状態が最も安定で亜鉛(II)イオンZn^{2+}とカドミウム(II)イオンCd^{2+}はイオン半径も近く、類似の塩を生成する。水銀Hgは他の二つと違ってイオン化傾向が水素H_2より小さいため「貴金属」に分類される。水銀は常温で液体の金属で毒性も高い。水銀Hgには水銀(II)イオンHg^{2+}のほか、水銀(I)イオンHg_2^{2+}($[Hg\text{-}Hg]^{2+}$)という状態もある。亜鉛族元素に共通する数少ない特徴としては、他族の金属よりも蒸気圧が高く、揮発性が高い。

亜鉛Znは、トタン、電極材料、真鍮(黄銅)の材料などに利用される。酸化亜鉛ZnOは白色顔料や化粧品に、硫化亜鉛ZnSは圧電体などに利用されている。

カドミウムCdはニッケルカドミウム電池(ニッカド電池)の負極、自動車業界でメッキの原料などに利用される。硫化カドミウムCdSはカドミウムイエローに代表されるように顔料の原料のほか光導電性材料として利用される。

水銀は電池、計器(気圧計、血圧計、体温計)のほか、殺菌剤、農薬、触媒、顔料、化粧品、アマルガムの材料などに利用される。

例題7-8

12族元素とハロゲンおよび酸素との化合物を例示し、簡単にそれらの特徴を述べよ。

解答

ハロゲン化物:ZnF_2、$ZnCl_2$、$CdCl_2$、$CdBr_2$、Hg_2Cl_2、$HgCl_2$など。

ZnとCdのハロゲン化物はイオン結合性が強いのに対し、水銀のハロゲン化物は共有結合性が強い。Hgでは4f軌道電子による原子核遮蔽効果が小さいため、6s電子が比較的強く原子核に引き寄せられていることが第一イオン化エネルギーが他の二つに比べて大きい理由となっている。

酸素との化合物:ZnO、CdO、HgO、$Zn(OH)_2$、$Cd(OH)_2$、$Hg(OH)_2$など。

ZnOおよびCdOどちらも結晶で半導体の性質を示す。$Zn(OH)_2$は両性で、$Cd(OH)_2$と$Hg(OH)_2$は塩基性を示す。

そのほか、$[HgCl_4]^{2-}$や$[Zn(H_2O)_6]^{2+}$のような錯体を示すハロゲンや水和物も存在する。

7-4　参考書籍

J. D. Lee著、浜口博訳、「基礎無機化学(改訂版)」、東京化学同人(1979)

平尾一之・田中勝久・中平敦著、「無機化学—その現代的アプローチ」東京化学同人(2002)

平尾一之・田中勝久・中平 敦・幸塚広光・滝澤博胤著、「演習無機化学-基本から大学院入試まで-」東京化学同人 (2005)

鵜沼英郎・尾形健明著、「理工系基礎レクチャー無機化学」、化学同人(2007) p.119-120

Chem-Station、有機の王冠のページ:

https://www.chem-station.com/blog/2002/02/crown_ether.html (2019/3/25 閲覧)

九州大学水素材料先端科学研究センター、水素物性研究チーム著「オルソ水素とノーマル水素」Hydrogenius News vol.4、2008年:

http://hydrogenius.kyushu-u.ac.jp/ci/newsletter/vol04.pdf

阿部光雄ほか著、「理工系大学 基礎化学」、講談社サイエンティフィク(1993)

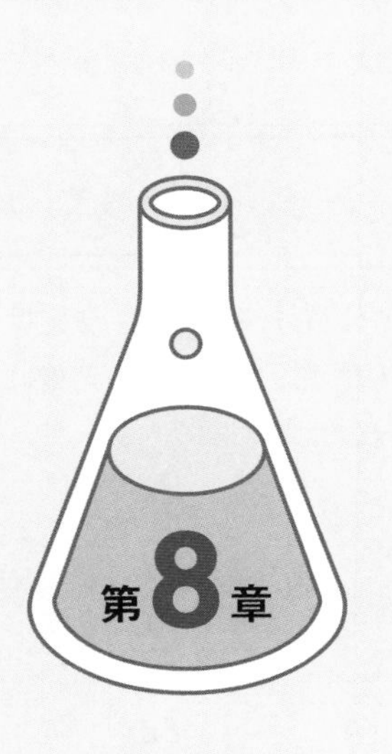

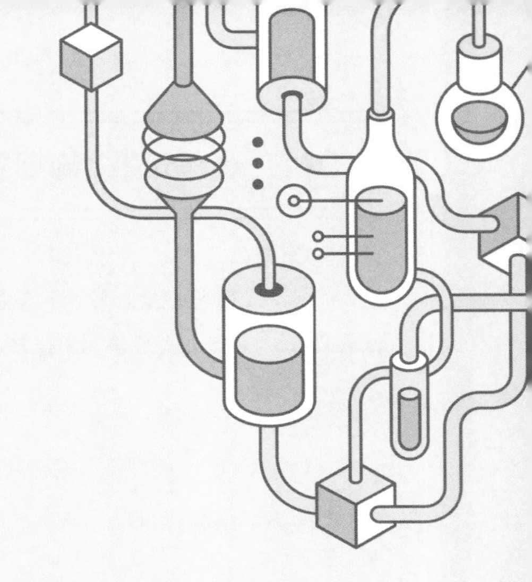

遷移元素

本章で学ぶ内容

1. 遷移元素と周期表
2. 遷移元素の特徴
3. 遷移元素の利用
4. レアメタル

第6,7章で典型元素について学んできた。遷移元素は、d軌道とf軌道の電子も価電子として働くため、典型元素にない性質を示す。遷移元素にどのような性質が現れるか、どのように利用されるのかについては、本書の後の章でとり上げる錯体や本書の第2巻でとり上げる結晶で解説する。本章では、錯体や結晶を学ぶための遷移元素の基礎を学ぶ。

8-1 遷移元素と周期表

遷移元素は周期表上で第4周期以降の第3~11族に位置する。第3~12族はdブロック元素と呼ばれるが、第3章で説明したように、第12族は遷移元素には入らない。また、遷移元素は図8-1のように分類される。

図8-1 遷移元素の分類

図中には示していないが、第4族をチタン族、第5族をバナジウム族、第6族をクロム族、第7族をマンガン族と呼ぶことがある。第11族の銅族に属する元素を見れば貨幣に使われる金属元素である。つまり、貨幣に使われる金属は、どれも性質がよく似ているということが分かる。

一方遷移元素は、族よりも周期で性質が似ているものがある。例えば、Fe,Co,Niは性質がよく似ているので鉄族と呼ばれている。

CHAPTER 8

8-2　遷移元素の特徴

第3章で、遷移元素の特徴として、以下の4項目を挙げた。

1. 族だけでなく、同一周期でも元素の性質の類似性がある
2. 1つの元素のとる酸化数が多種ある
3. 単体は全て金属である
4. 化合物が有色である場合が多い

1の特徴については前項で説明したように鉄族や白金族の存在から理解できると思う。次に、2の性質について見ていきたい。この準備として、酸化数の求め方を例とともに復習しておこう。
酸化数は、以下のルールに従い計算する。

1) 原子が中性の場合、その原子の酸化数は0
　例)Na、Cl…ともに酸化数は0
2) 分子が中性の場合、構成元素の酸化数の合計は0
　例)NaCl…Na^+Cl^-と考え、次の(3)により酸化数の合計が0となる
3) 原子がイオンの場合、その原子の酸化数はイオンの価数と等しい
　例)Na^+の酸化数は+1、Cl^-の酸化数は−1
4) 分子がイオンの場合、構成元素の酸化数の合計はイオンの価数と等しい
　例)MnO_4^-…Oの酸化数は−2、Mnの酸化数は+7で合計−1
5) H、Oの分子中での酸化数は+1、−2とする。
6) 分子中のアルカリ元素の酸化数は+1、アルカリ土類は+2、ハロゲンは−1とする。
7) NO_3の酸化数は−1、SO_4の酸化数は−2、CNの酸化数は−1とする。
8) その他の多原子イオン(OH^-など)では、その価数が酸化数となる。
9) 単体の酸化数は0とする：例)C_{60}、He

酸化数の計算が出来る

例題8-1

次に指示された原子の酸化数を求めよ

1.FeOのFe、2.$KMnO_4$のMn、3.$Cr_2O_7^{2-}$のCr、4.H_2O_2のO、

5.$H_2C_2O_4$のC

解答

求める原子の酸化数をxとする

1. Oの酸化数は−2で分子は中性なので、$x-2=0$
   よって、$x=2$　Feの酸化数は+2となる。

2. Kの酸化数はKがアルカリ元素なので+1、Oは−2となる。分子は中性でOの個数も考えて、
   $+1+x+(-2)\times 4=0$
   よって、$x=7$　Mnの酸化数は+7となる。

3. Oの酸化数は−2、分子はイオンで価数は–2より、
   $2x+(-2)\times 7=-2$
   よって、$x=6$　Crの酸化数は+6となる。

4. Hの酸化数は+1で分子は中性なので、
   $2x+2=0$
   よって、$x=-1$　Oの酸化数は−1となる。

5. Hの酸化数は+1、Oの酸化数は−2で分子は中性なので、
   $2+2x-4\times 2=0$
   よって、$x=3$　Cの酸化数は+3となる。

第1遷移系列元素の各元素のとり得る代表的な酸化数を表8-1にまとめた※1。遷移元素は複数の酸化数をとり得るのに対し、同じ周期でdブロックに属する典型元素であるZnの酸化数は+2のみである。3の性質については第3章で遷

※1　表8-1以外の値を酸化数としてとる場合もある。例えば、錯体中ではZnの酸化数が+1となる場合もある。

移元素は全て金属元素であることを説明しているので、p36を見直してほしい。
4の性質については、本書第14章の錯体を見て頂きたい。

表8-1　第1遷移系列元素の酸化数

元素	電子配置		とり得る酸化数
	4s	3d	
Sc	2	1	+2, +3
Ti	2	2	+2, +3, +4
V	2	3	+2, +3, +4, +5
Cr	1	5	+2, +3, +4, +5, +6
Mn	2	5	+2, +3, +4, +5, +6, +7
Fe	2	6	+2, +3, +4, +5, +6
Co	2	7	+2, +3, +4
Ni	2	8	+2, +3, +4
Cu	1	10	+1, +2, +3
Zn	2	10	+2

CHAPTER 8

8-3 遷移元素の利用

遷移元素がどのように利用されているか、いくつか例を挙げて見ていく。

8-3-1 第1遷移系列元素

Tiは軽く丈夫で耐食性も高いので、様々な構造材として用いられている。また、Niとの合金は形状記憶合金となる。Niは電池の電極材料としても用いられる。Feは地球上に大量に存在する。地球の内部構造を図8-2に、地殻、マントル、コアの組成を表8-2に示す。

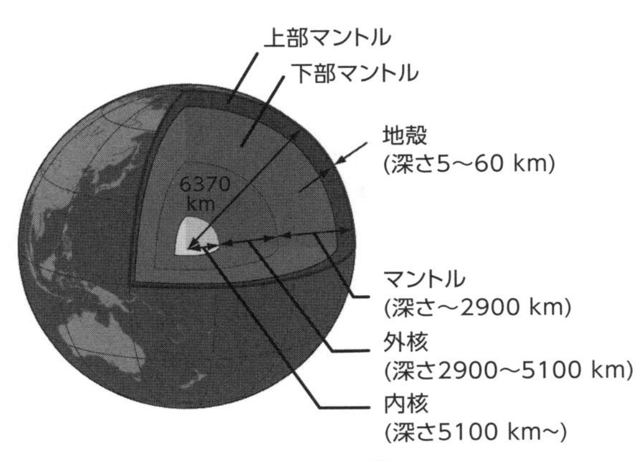

図8-2 地球の構造

表8-2(A) 地殻とマントルの平均化学組成

	組成/wt%	
	地殻	マントル
SiO_2	55.2	45.16
Al_2O_3	15.3	3.54
CaO	8.8	3.08
FeO	5.84	8.04
MgO	5.22	37.47
Na_2O	2.88	0.57
Fe_2O_3	2.79	0.46
K_2O	1.91	0.13
TiO_2	1.63	0.71

岩石組成は、一般的に酸化物として表される

表8-2(B) コアの平均化学組成

	組成/wt%
Fe	90.8
Ni	8.6
Co	0.6

以前は地殻中の元素分布としてクラーク数が用いられていたが、クラーク数は火成岩組成から求めた推定値であるため科学史上の学説の一つとされている。最近では、別の分析結果による地球全体の分布を用いるようになっている。Feは構造材料、磁性材料など様々な場面で利用されている。Coも磁性材料として用いられる。CoやCr、Tiは顔料にも含まれる元素である。Cuは構造材料のほか、電線などの材料としても用いられる。

8-3-2 第2遷移系列元素

Zrは原子炉や核燃料用材料として利用されている(図8-3)。

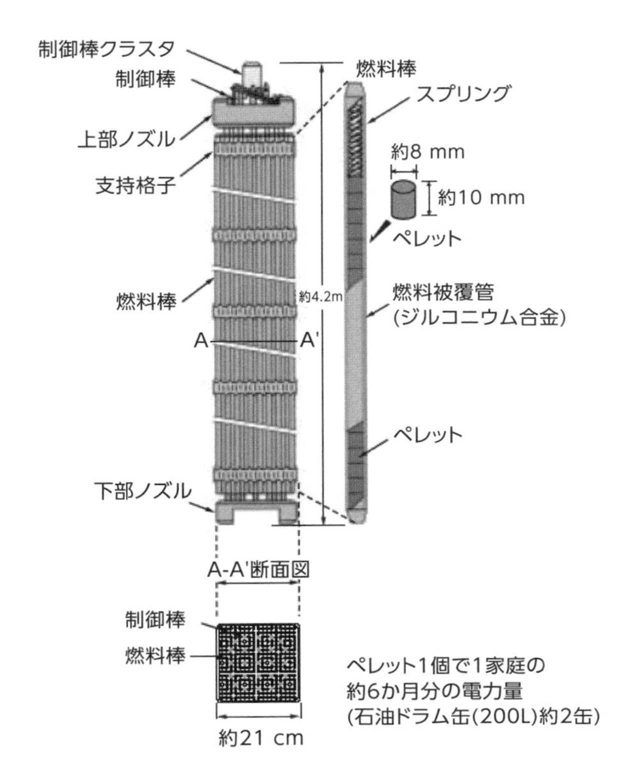

図8-3 第2遷移系列元素の利用：核燃料

Moはステンレスに用いられる。Pdは水素吸蔵合金に用いられる。※2 Nbは第3遷移系列元素であるWと共に熱電対に利用され、超電導材料にも用いられる。Agは第1系列のCuと同様に電気材料として用いられている。

図8-4　第2遷移系列元素の利用：超伝導

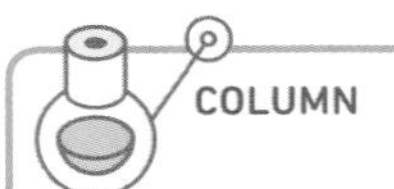

発電

次の図に、発電（火力・原子力）の原理を簡単に示す。
熱源で、水が加熱され高温高圧の水蒸気となり、タービンを回転させて、発電する。その後、水蒸気は水に戻り、再利用される。熱源に石炭などを使うものが火力発電、原子力を使うものが原子力発電である。

より詳しい解説が各電力会社のホームページにあるので、興味を持たれたら一度、ご覧いただきたい。

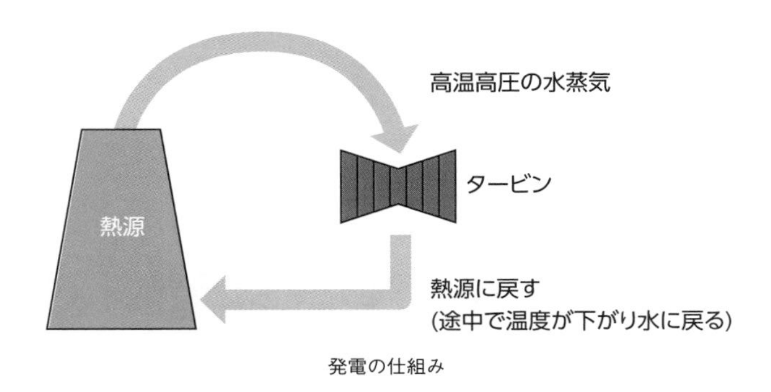

発電の仕組み

※2　金属には水素を結晶中に取り込む性質のある者が多数存在する。しかし、水素を取り込むことで構造が脆くなる(水素脆化)ことも知られていた。水素脆化を抑えることが出来れば、水素貯蔵や運搬、利用の面から非常に有利となる。水素を取り込むことを目的として、開発された材料が水素吸蔵合金である。Pdの他に、第2系列ではZrも用いられる。他に、第1系列のTi、Mnなどの遷移元素も用いられる。

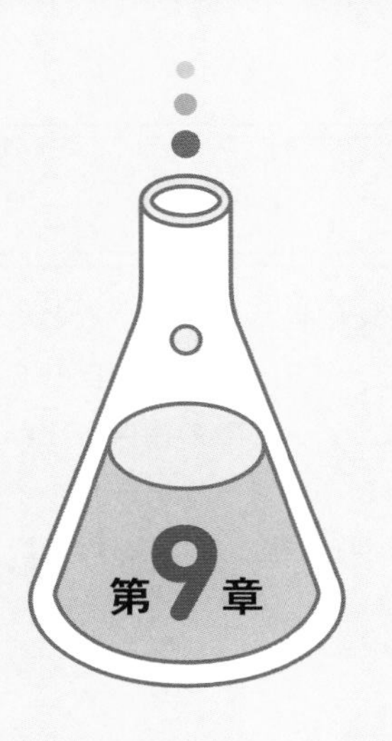

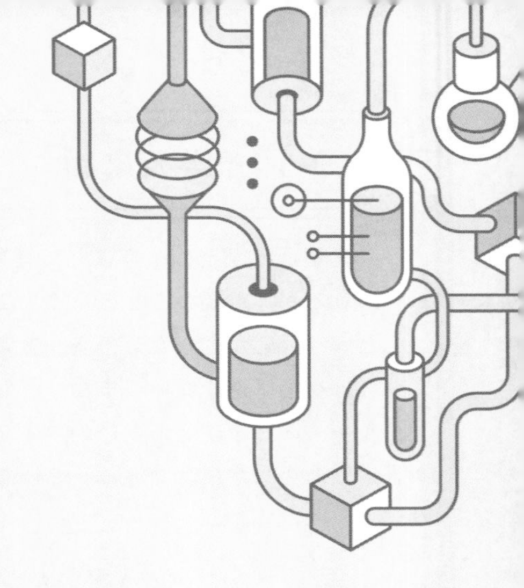

反応速度論の基礎

本章で学ぶ内容

1. 本書で学ぶ内容
2. 化学反応の反応速度の表記
3. 化学反応の反応速度の特徴
4. 反応速度とエネルギー
5. 触媒の特徴

化学は物質の構造・反応・性質を扱う学問であると言われている。化学反応を扱う際、必ず反応のエネルギーと速度を考えなければならない。前者は熱力学が、後者は反応速度論が基礎となる。本章では、主に、反応速度論の基礎について学ぶ。反応速度を考える際に、熱力学的な議論も必要となってくるので、反応速度論に理解に必要な、最低限の熱力学も解説も行う。熱力学については、第10章で取り上げるので、詳しくは、そちらを参照頂きたい。

9-1　化学反応とは

化学反応がどのようにして進むのかはおそらく高校化学で学んでいると思われるが、重要なことなのでここでも復習しておきたい。例えば、A＋B → Cという反応が進むための条件を考えよう。図9-1のようにAとBの衝突がなければ反応は進まない。また、この衝突の際に、図9-2にあるような活性化エネルギーの山を越えるだけのエネルギーをAとBが衝突時に持っていなければ、単に衝突しただけで終わってしまう。

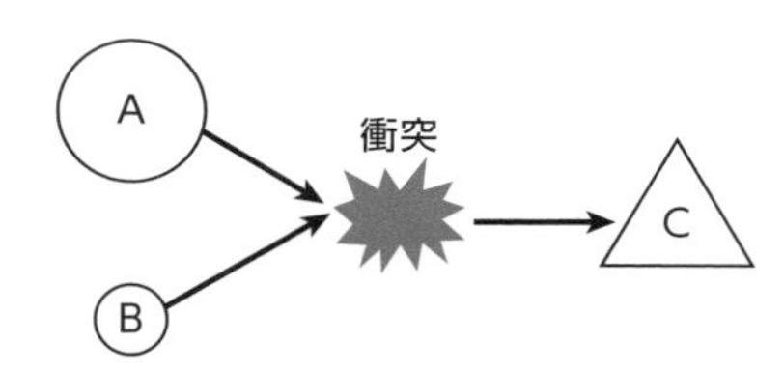

図9-1　化学反応の進行

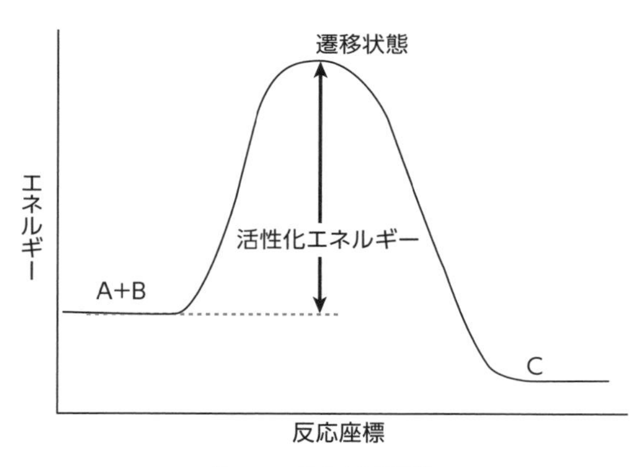

図9-2　一般的な反応座標

つまり化学反応が進むためには、

1. 反応する分子同士が衝突する
2. 衝突の際に、活性化エネルギーを超える

という条件を満足する必要がある。この条件が満足されれば反応により化学結合の組み換えが起こり生成物Cを得ることが出来る。

CHAPTER 9

9-2　反応速度の表記法

まず、簡単な次の反応を例に反応速度の表記法を見ていく。

$$A \rightarrow B \tag{9-1}$$

Aが原料、Bが生成物である※1。一般的に、反応速度は単位時間当たりの原料の減少量で表される。本章では理解しやすくするため、溶液中の反応に限ることとする。この反応の反応速度をvとすると、

$$v = k\,[A]^n \tag{9-2}$$

と表される。係数kは速度定数、nは反応次数である。反応次数は実験的に決定する必要があり、反応式の形から決めることは難しい。反応次数が1なら一次反応、2なら二次反応という。また、反応次数は、0を含む自然数になる例を多く見ると思うが、必ずこのような数になるとは限らず、1.5次反応なども存在する。

反応速度式の意味を理解する

例題9-1

式(1)の反応の反応速度とAの濃度の関係を表9-1に示す。この反応は式(9-2)に従うとする。この反応における速度定数と反応次数を求めよ。

但し、原料濃度の変化による速度定数の変化はないものとする。

表9-1　Aの濃度と反応速度

v(mmol/s)	1	4	25	49	100	400
[A](mmol/L)	10	20	50	70	100	200

※1　酢酸メチルの加水分解反応
$CH_3COOCH_3 + H_2O \rightarrow CH_3COOH + CH_3OH$
は、速度が $v = k\,[CH_3COOCH_3]$ と表される1次反応となる。反応式中のH_2Oは溶媒であり、反応中も濃度は一定と見なせるので、速度式中には表れない。このような反応を擬1次反応という。

9　反応速度論の基礎

解答

速度式(2) $v = k[A]^n$ を用いて解法を考える。濃度$[A_1]$での速度をv_1、$[A_2]$での速度をv_2とすると、

$$v_1 = k[A_1]^n$$
$$v_2 = k[A_2]^n$$
$$\therefore \frac{v_2}{v_1} = \frac{[A_2]^n}{[A_1]^n} = \left[\frac{A_2}{A_1}\right]^n$$

図9-3を見て頂きたい※2。濃度に応じて速度が何倍になるかを、隣接する2つの速度の比をとることで確認する。次に、濃度についても、同じ組で比をとる。この比の2乗が、ちょうど、速度の比と一致するので、次数は2であることが分かる。速度定数については、式(9-2)に次数2を代入して計算すればいい。例えば、[A]=10 mmol/L、v=1 mmol/sを代入すればk=0.01 L^2/(mmol・s)となる。

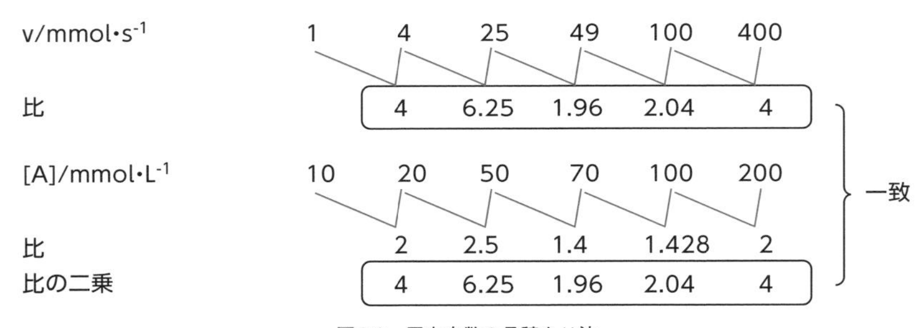

図9-3　反応次数の見積もり法

では、原料の数が増えたときは、どのように表記するかというと、

A + B + C + … → D + E + F + …

に対して、

$$v = k[A]^m [B]^n [C]^p \cdots \tag{9-3}$$

となる。反応次数はm + n + p + …になる。

※2　問題の数値は理想的なデータとなっている。実験データを扱う場合は単純に数値を上の式に入れるだけでは、入れる値により解が異なるため、次数などを求めることができない。この解のようにして比を取り、必要なら平均をとるのが一般的である。

1) 反応の前後で、その化学形は変化しない(反応中は変化してもいい)※4
2) 活性化エネルギーを変化させる
3) 平衡定数や反応熱には影響しない

最初の条件は、反応の前後で価数や構造が変化しないということを意味している。条件2に関して、活性化エネルギーを下げるメカニズムは、本書を超えるレベルの問題であるので、本書では触れない。触媒とは、活性化エネルギーをかえて反応速度を変化させるものということを、しっかりと理解してもらえれば十分である。一般的な触媒は、活性化エネルギーを図9-6のように下げて、反応速度を早くする作用を持つわけである。

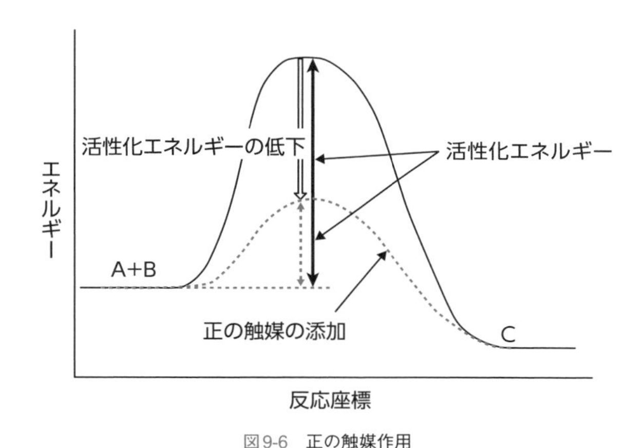

図9-6　正の触媒作用

触媒の例として、PtやPdなどの遷移金属、TiO_2などの酸化物、次の章から解説を行う錯体などがある。良い触媒を見つければ、化学反応を効率的に行うことが出来き、また、環境にもやさしい反応を作ることが出来るため、触媒開発は、化学の大きなテーマの一つとなっている。

活性化エネルギーとアレニウスの式の関係を理解する

※4　この点に関しては、後の章で錯体を勉強した後、あるいは、第II巻で固体を勉強した後でないと理解できない事項が多いので、ここでは、定義のみにとどめる。触媒の反応機構は錯体、固体の章で、改めて示すことにする。

例題9-3

反応開始時の原料濃度、反応温度が同じという条件で触媒の有無による反応速度を比較した。触媒を入れた場合、速度定数が4倍になった。触媒を添加したとき
の活性化エネルギーを求めよ。

解答

触媒を低下していない場合の速度定数をk_1、添加した場合の速度定数をk_2とし、それぞれの場合の活性化エネルギーをE_{a1}、E_{a2}とする。アレニウスの式は

$$k_1 = Ae^{-\frac{E_{a1}}{RT}}$$
$$k_2 = Ae^{-\frac{E_{a2}}{RT}}$$
$$\frac{k_2}{k_1} = e^{-\frac{E_{a2}-E_{a1}}{RT}}$$
$$\ln\frac{k_2}{k_1} = -\frac{E_{a2}-E_{a1}}{RT}$$
$$\ln 4 = 2\ln 2 = -\frac{E_{a2}-E_{a1}}{RT}$$
$$E_{a2} = E_{a1} - 2RT\ln 2$$

となり、Ea_1より小さくなっていることが分かる。

CHAPTER 9

9-5　反応速度の微分形式

反応速度は式(9-2)や(9-3)のように表されるが、この形では、反応速度を理論的に扱うことが難しい。本章の始めに、一般的には、反応速度は単位時間当たりの原料物質の減少量として表すと説明した。このことより、反応速度は次のように、微分形で表すことも可能である。式(9-2)のケースで説明すると、

$$v = -\frac{d}{dt}[A] \tag{9-7}$$

式(9-2)と(9-7)より、

$$v = -\frac{d}{dt}[A] = k[A]^n \tag{9-8}$$

となる。微分方程式(8)を解くことにより、反応速度の特徴をつかむことが可能となる。

9-5-1　一次反応

式(9-8)でn=1の場合を一次反応とよぶ。最も基本的な反応なので詳しく説明をする。一次反応では、式(9-8)は$v = -\frac{d}{dt}[A] = k[A]$となり、簡単な変数分離型の微分方程式となる。解法は第2章で説明しており、そちらを見て頂きたい。反応開始時のAの濃度を$[A]_0$とすると、

$$[A] = [A]_0 e^{-kt} \tag{9-9}$$

という解を得る。指数部のtは反応させた時間であり、ある時点の濃度が半分となるのに要する時間を半減期($t_{1/2}$)とよぶ。$[A] = \frac{[A]_0}{2}$となるまでの時間を求めてみると、$t_{\frac{1}{2}} = \frac{\ln 2}{k}$となる。このことから1次反応では半減期は原料濃度に関係なく一定で、速度定数にのみ依存するという性質を持つ。また、式(9-9)を次のように変形すると、

$$\ln[A] = \ln[A]_0 - kt \tag{9-10}$$

縦軸を原料濃度の自然対数は反応時間の一次関数となり、図9-7のようなプロットを得る。この特徴は、1次反応となるかどうかの判定で重要な性質である。

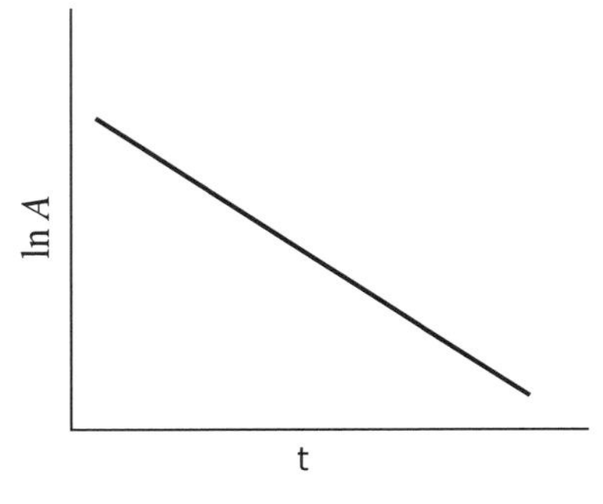

図9-7　一次反応

9-5-2　他の反応

二次反応以上の次数を持つ反応や、他の形式の反応については物理化学で詳しく扱われるので、そちらのテキストを参照いただくこととして、ここでは、基本的な解説にとどめる。二次反応では、典型的な例として

$$2A \rightarrow C \tag{9-11}$$

$$A + B \rightarrow C \tag{9-12}$$

のような形がある。上の反応(9-11)では、反応開始時のAの濃度を$[A]_0$として、

$$-\frac{d}{dt}[A] = k[A]^2 \Rightarrow \frac{([A]_0 - [A])}{[A]_0[A]} = 2kt \tag{9-13}$$

下の反応(9-12)では、反応開始時のA、Bの濃度を$[A]_0$、$[B]_0$とし、時間tでのCの濃度をxとすると、

$$\frac{dx}{dt} = k([A]_0 - x)([B]_0 - x) \Rightarrow \frac{1}{[A]_0 - [B]_0} ln \frac{[B]_0[A]}{[A]_0[B]} = kt \tag{9-14}$$

となる。

もう一つ、次のような重要な反応形式があり、逐次反応と呼んでいる。

A → B → C → D →・・・・

個別の反応、例えば、A → Bを素反応とよぶ。逐次反応の反応速度は、最も遅い素反応に依存する。最も遅い素反応を**律速段階**とよぶ。
式(9-15)のような逐次反応を考える

$$A \xrightarrow{k_a} B \xrightarrow{k_b} C \tag{9-15}$$

このの速度式は式(9-16)のようになる。

$$\begin{aligned} -\frac{dx_A}{dt} &= k_a x_A \\ \frac{dx_B}{dt} &= k_a x_A - k_b x_B \\ \frac{dx_C}{dt} &= k_b x_B \end{aligned} \tag{9-16}$$

ここで、x_Aは、時間tでのAの濃度を示している。他も同様の意味である。微分方程式(9-16)はラプラス変換を用いて解くことになるが、本書のレベルを超えるため、ここでは解のみを以下に示す(式9-17)。

$$\begin{aligned} x_A(t) &= [A] = [A]_0\, e^{-k_a t} \\ x_B(t) &= [B] = [A]_0 \left(\frac{k_a}{k_b - k_a}\right)\left(e^{-k_a t} - e^{-k_b t}\right) \\ x_C(t) &= [C] = [A]_0 \left\{1 + \frac{1}{k_a - k_b}\left(k_b e^{-k_a t} - k_a e^{-k_b t}\right)\right\} \end{aligned} \tag{9-17}$$

1次反応の特徴を理解する

例題9-4

1次反応A → Bでの、原料濃度の変化を表9-2に示す。この反応の速度定数を求めよ。

表9-2　反応(1)におけるAの濃度変化

反応時間(s)	20	40	60	80	100
[A] (mmol/L)	81.9	67	54.9	44.9	36.8

表9-2のAの濃度の自然対数をとりプロットしたグラフを図9-8に示す※5。グラフの傾きが、式(9-10)より速度定数となるので、
$k = 0.01(s^{-1})$ となる。

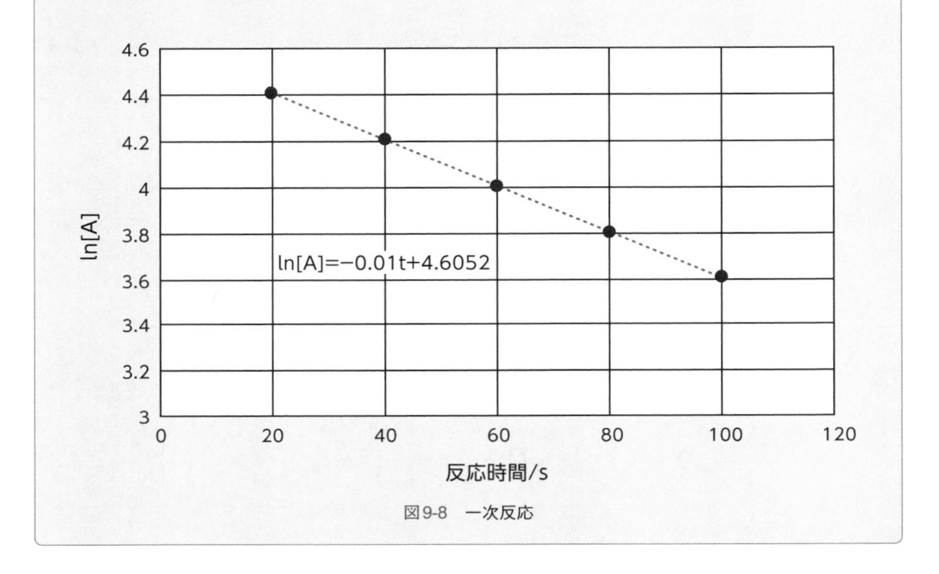

図9-8　一次反応

※5　ある数値の対数をとると、その数は無次元となる。つまり、単位はなくなることに注意。

9-6　参考文献

アトキンス他「アトキンス物理化学要論(第6版)」東京化学同人(2016)
マッカーリ、サイモン「物理化学-分子論的アプローチ」(上)東京化学同人(1999)
川瀬雅也、山川純次「大学で学ぶ化学」化学同人(2012)

熱力学の基礎

本章で学ぶ内容

1. 熱力学関数を理解する
2. 化学平衡と自由エネルギーの関係を理解する
3. 化学ポテンシャルを理解する

熱力学は、大学初年次の化学で最初に学ぶ分野であると思う。抽象的な議論が続き、何故、化学で必要なのか理解に苦しむのではなかろうか。専門的な化学の諸分野を学んでいくに従い、熱力学の重要性が理解されてくる。本章では、熱力学の基礎である諸関数(内部エネルギー、エンタルピー、エントロピー、自由エネルギー)と化学平衡の関係を中心に、基礎的な事項をまとめる。

10-1 状態関数と偏微分

状態関数とは、温度、圧力のような系の状態を表す変数の値が決まれば、その値が決まる(一義的に決まる)量のことで、変化の大きさは、変化の経路によらず、始点と終点の差により決まるという性質を持っている。熱力学で重要な関数は、この状態関数である。

熱力学を学ぶには、偏微分の知識が不可欠であるので、まず、偏微分を学ぼう。zが変数xの関数z=f(x)なら、図10-1のように接線の傾きは$\frac{dz}{dx}$(常微分という)で表される。

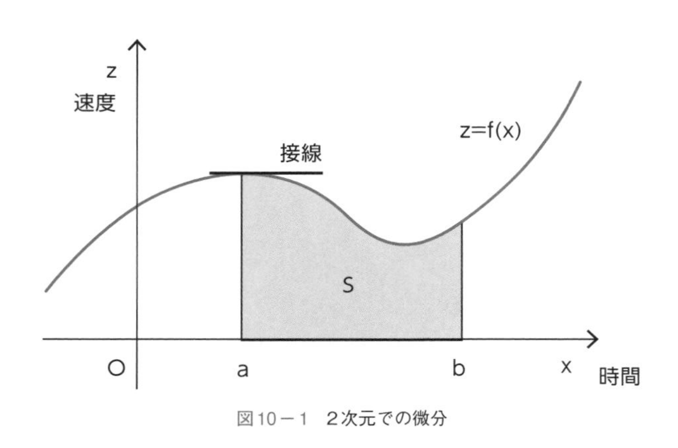

図10－1　2次元での微分

ところが、「状態関数」は幾つかの変数(例えば、圧力、温度)の関数(多変数の関数)として表されるので、3次元以上の空間で考えなければならない。2次元なら接線を考えればいいが、3次元以上になると線ではなく接する面を考えなければならない。つまり、接線ではなく接面を考えなければならない(図10-2)。接面を決めるには、2つの方向の傾き(x軸とy軸の各方向の傾きでよい)が必要となる。これは、2つの方向の傾きから法線ベクトルが計算できるので、接面の方程式を求めることが可能となるからである。

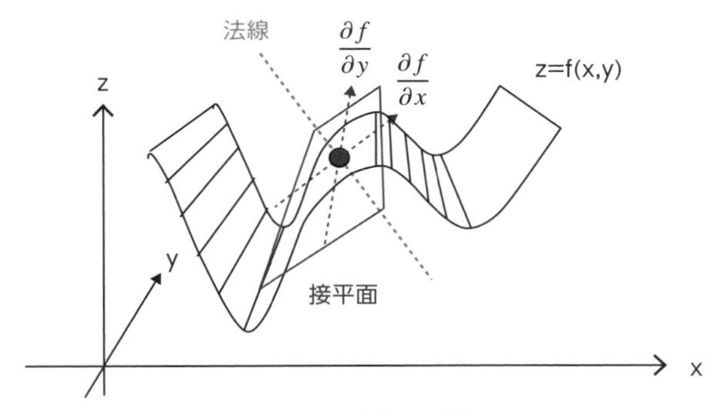

図10-2　3次元での微分

ここで、x軸とy軸の各方向の傾きを、それぞれ図10-2のように $\frac{\partial z}{\partial x}, \frac{\partial z}{\partial y}$ (偏微分)として表す。

偏微分の計算を具体的な関数($z = x^2 + 2xy + 2y^3 + 3x - 2y$)で見てみよう。偏微分 $\frac{\partial z}{\partial x}, \frac{\partial z}{\partial y}$ の計算では、分母にある変数以外の変数は、全て定数と考えて微分を行う。

$$\frac{\partial z}{\partial x} = 2x + 2y + 3$$

$$\frac{\partial z}{\partial y} = 2x + 6y^2 - 2$$

となる。各自で確認していただきたい。

状態関数は完全微分であるという性質がある。関数 $z = f(x, y)$ において、

$$z = f(x, y) = \frac{\partial z}{\partial x}dx + \frac{\partial z}{\partial y}dy$$

をzの全微分という。完全微分とは、全微分に対して

$$\frac{\partial}{\partial y}\left(\frac{\partial z}{\partial x}\right) = \frac{\partial}{\partial x}\left(\frac{\partial z}{\partial y}\right)$$

が成り立つ場合をいう。上の例でみると、

$$\frac{\partial}{\partial y}\left(\frac{\partial z}{\partial x}\right) = 2 、\frac{\partial}{\partial x}\left(\frac{\partial z}{\partial y}\right) = 2$$

となり

$$\frac{\partial}{\partial y}\left(\frac{\partial z}{\partial x}\right)=\frac{\partial}{\partial x}\left(\frac{\partial z}{\partial y}\right)$$

が成り立つ。つまり、zは完全微分であると言える。

例題10-1

1モルの理想気体ではPV=RTという状態方程式が成り立つ。Pが状態関数であることを示せ。

解答

状態方程式を以下のように変形し、体積と温度で微分を行う。

$$P=\frac{RT}{V}\begin{cases}\dfrac{\partial P}{\partial V}=-\dfrac{RT}{V^2}\\ \dfrac{\partial P}{\partial T}=\dfrac{R}{V}\end{cases}\Rightarrow\begin{cases}\dfrac{\partial}{\partial T}\left(\dfrac{\partial P}{\partial V}\right)=-\dfrac{R}{V^2}\\ \dfrac{\partial}{\partial T}\left(\dfrac{\partial P}{\partial T}\right)=-\dfrac{R}{V^2}\end{cases}$$

となり、Pは状態関数であることが分かる。

CHAPTER 10

10-2 エンタルピーとエントロピー

化学反応は、多くの場合一定圧力下で進行する。言い換えれば、反応の途中で体積が変化し仕事がなされるため、反応の際に供給されたエネルギー(熱量)は、内部のエネルギー(U)と系※1がする仕事(W)に分配される。エンタルピー(H)は、H=U-W=U+PV(Pは圧力、Vは体積)のようになり、定圧条件下で反応系に供給された熱量であると考えてよい。高校化学で反応熱を勉強したと思われるが、反応熱が反応におけるエンタルピーの変化(ΔH)に相当する。ただし、系のエンタルピーが増加する際に正の値となるので、ΔH＞0の場合は吸熱反応となる。ちょうど、高校化学での反応熱と符号が逆になるので注意が必要である。

また、定圧モル熱容量(C_p)はエンタルピーの温度微分 $Cp = \left(\frac{\partial H}{\partial T}\right)_p$ として表される。また、定容条件下で用いられる定容モル熱容量(C_v)は内部エネルギーの温度微分 $Cv = \left(\frac{\partial U}{\partial T}\right)_V$ となる。

もう一つ重要な熱力学量にエントロピー(S)がある。エントロピーは一般に"乱雑さ"と表現されるが、これは、統計力学との関連から出てきた概念であり、少しわかりにくいと思う。エントロピーの本質は、系の中の分子が規則正しい配置からの乱れの尺度、言い換えれば、どれだけ規則的な配置からずれているかを示していると考えればよい。自分の部屋を考えると、気を付けていないと散らかってくる、つまり、エントロピーが大きくなってくるとすればイメージが湧くだろうか。もう少し化学的にいうと、自発的な変化の方向を示す量ということもできる。変化の方向をいつでも逆にできる系を「可逆な系」というが、この系においては、次のように定義される。

$$dS = \frac{d}{dT}q_{rev}$$

q_{rev}は、可逆系に入った熱量を表している。

※1 系とは、研究の対象としている範囲であり、例えば、化学反応を対象とする場合、反応が進んでいるフラスコとその内部が系となる。系以外の部分を外界(あるいは、環境)という。

10-3　ギブズ自由エネルギー

エンタルピーとエントロピーを用いて、化学反応の起こりやすさを評価するために、自由エネルギーを導入する。一般に、圧力一定の反応が取り扱われることが多いので、ここでは、圧力一定の条件下で定義されたギブズ自由エネルギー(G)について説明を行なう。定容条件ではヘルムホルツ自由エネルギー(A)が用いられる。ギブズ自由エネルギー(G)とその変化(ΔG)は、

$G = H - TS$ 、$\Delta G = \Delta H - T\Delta S$

と定義される。1気圧、298 K(熱力学的な標準状態)での反応に関するギブズ自由エネルギーを標準ギブズ自由エネルギーと呼びΔG°で表す。同様に、他の熱力学関数でも標準状態での量であることを、右肩に“°”をつけて表す。また、ギブズ自由エネルギーは、温度と圧力の関数であり、

$$\left(\frac{\partial G}{\partial T}\right)_p = -S, \left(\frac{\partial G}{\partial P}\right)_T = V$$

という関係が成り立つ。

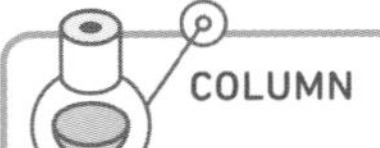

COLUMN

対数の復習

$\log_a b$において、aを底、bを真数とよぶ。a=10を常用対数とよび、$\log b$とすることが多い。a=eを自然対数とよび、$\ln b$とすることが多い。また、真数は常に正の値でなければならない(b>0)。
化学の領域では、対数で、以下の関係が成り立つことを覚えていればよい。

$\log_a 1 = 0$　　$\log_a a = 1$　　$\log_a b^c = c\log_a b$

$\log_a b^{-1} = -\log_a b = \log_a \frac{1}{b}$　　$\log_a bd = \log_a b + \log_a d$

$\log_a \frac{b}{d} = \log_a b - \log_a d$

$\log_a b^s + \log_a b^t = \log_a b^{s+t}$

$\log_a b^s - \log_a b^t = \log_a b^{s-t}$

CHAPTER 10

10-4　ヘスの法則

これまで導入した熱力学関数(U,H,S,G)は全て状態関数であり、ヘスの法則が成り立つ。ヘスの法則とは"反応に伴う変化量は原料と生成物により一義的に決まり、途中の反応経路によらない"ことを示した法則であり、反応熱の計算などによく用いられる。

POINT

ヘスの法則を用いて、熱力学量を求めることができる

例題10-2

Fe_2O_3(s)、CO_2(g)の標準生成エンタルピーはそれぞれ－826 kJ/mol、－394 kJ/molである。次の反応で1 molのFe_2O_3(s)を還元する際の標準エンタルピー変化は－25 kJである。

$Fe_2O_3(s) + 3CO(g) \rightarrow 2Fe(s) + 3CO_2(g)$

次の反応における標準エンタルピー変化を求めよ。

$Fe_2O_3(s) + 3C(黒鉛) \rightarrow 2Fe(s) + 3CO(g)$　・・・(1)

$C(黒鉛) + \frac{1}{2}O_2(g) \rightarrow CO(g)$　・・・(2)

解答

条件の反応を全て書き出す。(数値は3桁にまとめている)

$2Fe(s) + \frac{2}{3}O_2(g) \rightarrow Fe_2O_3(s)$　・・・(a)

$C(黒鉛) + O_2(g) \rightarrow CO_2(g)$　・・・(b)

$Fe_2O_3(s) + 3CO(g) \rightarrow 2Fe(s) + 3CO_2(g)$　・・・(c)

$Fe_2O_3(s) + 3C(黒鉛) = 2Fe(s) + 3CO(g)$　・・・(1)

$C(黒鉛) + \frac{1}{2}O_2(g) = CO(g)$　・・・(2)

$\{(a) + (c)\} \div 3$ より　$CO(g) + \frac{1}{2}O_2(g) \rightarrow CO_2(g)$　$\Delta H^\circ = -284 kJ/mol$・・・(f)

(b)－(f)より(2)を得る。(2)の標準エンタルピー変化は　$\Delta H^\circ = -110 kJ/mol$

(2) − (f) より　$C(黒鉛) + CO_2(g) \rightarrow 2CO(g)$ $\Delta H^\circ = 174\ kJ/mol$　　・・・(h)
(c) + (h) × 3 より (1) を得る。(1) の標準エンタルピー変化は
$\Delta H^\circ = 497\ kJ/mol$

(1) は吸熱反応、(2) は発熱反応となる。また、カッコ内の記号s、gはそれぞれ固体、気体を表している。液体はl(エル)で表す。
また、上記の計算を行う中では、全く反応の途中経路は考慮していない。途中経路を考慮していない、つまり、ヘスの法則が成り立っているので、上記のような足し算や引き算ができることに注意していただきたい。

この例題と同じ扱いで固体の格子エネルギーの計算(ボルン・ハーバーサイクル)もできる。この点については、第II巻で扱うことにする。

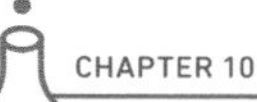

CHAPTER 10

10-5　ギブズ自由エネルギーの温度依存性

化学平衡は熱力学の化学での利用における一つの大きなテーマである。化学平衡を熱力学的に扱う際に、ギブズ自由エネルギーの温度依存性は重要となる。

$$G = H - TS$$

$$-S = \frac{G - H}{T}$$

となり、$\left(\frac{\partial G}{\partial T}\right)_p = -S$ より、$\left(\frac{\partial G}{\partial T}\right)_p = \frac{G - H}{T}$

化学平衡を考える上ではGよりもG/Tの方が重要なので、

$$\left(\frac{\partial\left(\frac{G}{T}\right)}{\partial T}\right)_p = \frac{1}{T}\left(\frac{\partial G}{\partial T}\right)_p + G\frac{d}{dT}\left(\frac{1}{T}\right) = \frac{1}{T}\left(\frac{\partial G}{\partial T}\right)_p - \frac{G}{T^2} = \frac{1}{T}\left\{\left(\frac{\partial G}{\partial T}\right)_p - \frac{G}{T}\right\}$$

よって、次のように変形でき、

$$\frac{1}{T}\left\{\left(\frac{\partial G}{\partial T}\right)_p - \frac{G}{T}\right\} = \frac{1}{T}\left(\frac{G - H}{T} - \frac{G}{T}\right) = -\frac{H}{T^2}$$

次の平衡定数の温度依存性を考える際に重要な関係式が得られる。

$$\left(\frac{\partial\left(\frac{G}{T}\right)}{\partial T}\right)_p = -\frac{H}{T^2}$$

10-6　平衡定数

見かけ上、反応が止まったように見える状態を平衡状態とよび、この状態における反応系の各成分の量比を表す定数を平衡定数(K)という。次の反応を考えると反応の平衡定数は次のようにして定義される。

$$A + B \leftrightarrows C + D \quad K = \frac{[C]\,[D]}{[A]\,[B]}$$

[A]はAの濃度を表している。記述をより一般化すると、化学反応は下のように表せ、平衡定数は次の式になる。これを質量作用の法則と呼んでいる。

$$\upsilon_1 A_1 + \upsilon_2 A_2 + \cdots \leftrightarrows \upsilon_3 A_3 + \upsilon_4 A_4 + \cdots$$

$$K = \frac{[A_3]^{\upsilon_3}\,[A_4]^{\nu_4}\cdots}{[A_1]^{\upsilon_1}\,[A_2]^{\upsilon_2}\cdots} = \prod_i [A_i]^{\nu_i}$$

ここで、$\Pi_i x_i$は全ての要素を掛け合わせることを意味している。つまり、$\Pi_i x_i = x_1 \cdot x_2 \cdot x_3 \cdots$である。総和を表す$\sum_i x_i$の掛け算版とすると分かっていただけると思う。化学反応式で、原料もしくは生成物の前についている係数を化学量論係数と呼ぶ。

平衡定数を計算できる。

例題10-3

体積V [L]の容器内で反応A + B ⇄ 2Cをおこなった。反応前のA、Bのモル数はそれぞれ1.00 molと2.00 molであった。温度T[K]で平衡に達したときAは0.40 molとなった。この反応のT[K]での平衡定数を求めよ。

解答

反応したAは0.60 molである。よって、Bは0.60 mol反応し、1.40 mol残り、Cは1.20 mol生成したことになる。

$$K = \frac{[C]^2}{[A][B]} = \frac{1.20^2}{0.40 \times 1.40} \approx 2.57$$

次に、平衡定数とギブズ自由エネルギーの関係を考えてみよう。

まず、1 mol当たりのギブズ自由エネルギー(μ)を化学ポテンシャルとよび、

$$\mu_i = \frac{\partial G}{\partial n_i}$$

と定義する。また、図10 − 4の反応について、

$$-\frac{dn_{A_1}}{\nu_1} = -\frac{dn_{A_2}}{\nu_2} = \cdots = \frac{dn_{A_3}}{\nu_3} = \frac{dn_{A_4}}{\nu_4} = \cdots = d\xi$$

とし、反応進行度(ξ)を導入する。反応進行度を用いて、図10 − 4のギブズ自由エネルギー変化を表すと、

$$dG = (\nu_3\mu_3 + \nu_4\mu_4 + \cdots - \nu_1\mu_1 - \nu_2\mu_2 - \cdots)\, d\xi$$

となる。また、$\mu_i = \mu_i^\circ + RT\ln[A_i]$となり、$\Delta G = \Delta G^\circ + RTlnK$を得る。平衡状態では$\Delta G = 0$となる。また、$\Delta G < 0$なら反応は進行し、$\Delta G > 0$なら進行しない。これは、反応は系のエネルギーが小さくなる方向(安定化する方向)に進むためである。平衡状態では、$\Delta G^\circ = -RT\ln K$という関係が導かれる。

自由エネルギーと平衡定数の関係が理解できている。

 例題10-4

A + B ⇄ Cの標準ギブズ自由エネルギー変化を2.00 k J/molとする。この反応の25℃での平衡定数を求めよ。

解答

$\Delta G^\circ = -RT\ln K$に$T = 298.15(K)$、$R = 8.314({}^{J}/_{K\cdot mol})$、$\Delta G^\circ = 2000({}^{J}/_{mol})$を代入する。

$2000 = -8.314 \times 298.15 \ln K$

$\therefore \ln K = -0.80684$

$K = 0.446(L/mol)$

また、ギブズ自由エネルギーの温度依存性$\left(\frac{\partial\left({}^{\Delta G}/_{T}\right)}{\partial T}\right)_p = -\frac{\Delta H}{T^2}$より、$\frac{dlnK}{dT} = -\frac{\Delta H^\circ}{RT^2} \Rightarrow \frac{dlnK}{d\left(\frac{1}{T}\right)} = -\frac{\Delta H^\circ}{R}$となる。$\Delta H^\circ$が温度変化しないとすると、$\ln\frac{K_1}{K_2} = -\frac{\Delta H^\circ}{R}\left(\frac{1}{T_1} - \frac{1}{T_2}\right)$を得る。$K_1$、$K_2$は温度$T_1$、$T_2$での平衡定数である。この式から、2つの温度で平衡定数を測定すれば、その反応の標準エンタルピー変化を求めることができる場合があることが分かる。

例題10-5

A ⇄ Bにおいて、298 Kおよび596 Kでの平衡定数が0.05、0.50だったとする。この温度領域では標準エンタルピー変化は一定であるとして、この値を求めよ。

解答

$\ln\frac{K_1}{K_2} = -\frac{\Delta H^\circ}{R}\left(\frac{1}{T_1} - \frac{1}{T_2}\right)$より、$\ln\frac{0.50}{0.05} = -\frac{\Delta H^\circ}{8.314}\left(\frac{1}{596} - \frac{1}{298}\right)$

$\Delta H^\circ = 11409.6\, J/mol = 11.4\, kJ/mol$

10-7　参考文献

アトキンス他「アトキンス物理化学要論(第6版)」東京化学同人(2016)
マッカーリ、サイモン「物理化学－分子論的アプローチ」(上)東京化学同人(1999)
川瀬雅也、山川純次「大学で学ぶ化学」化学同人(2012)
相良紘「はじめて学ぶ化学工学のための熱力学」日刊工業新聞社(2012)

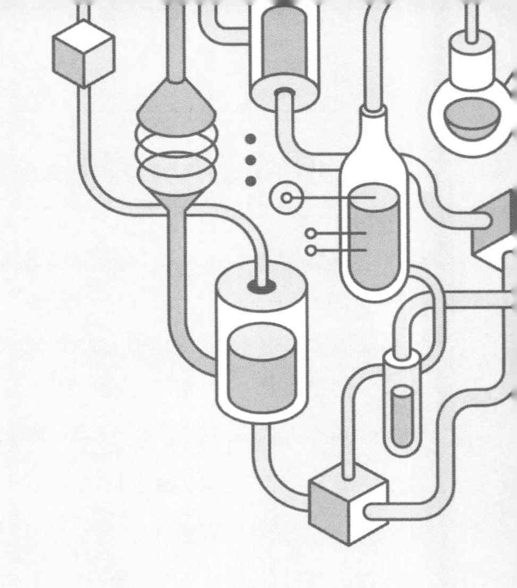

無機反応の基礎

本章で学ぶ内容

1. 基本的な無機化学反応を整理する
2. 溶解度積を理解する
3. 工業で利用されている反応を整理する

基礎的な無機化学反応の多くは高校化学で学んでいる。このため高校化学は暗記が主な科目のようになってしまい、本来の無機化学の面白さが隠れてしまっている。一方、化学反応は化学の重要な柱であることは間違いない。そこで本章では、高校化学で学んだ反応を整理するとともに、これまでに学んだ熱力学や量子論による議論も加えて学び直すことにしたい。この学び直しの中には次章より扱う錯体も出てくる。次章につなぐため錯体の基礎も触れることにする。

CHAPTER 11

11-1　溶解度積

沈殿が生じる反応は無機化学反応の代表的な反応である。沈殿が生じるかどうかを知るには、溶液中の陽イオン濃度と陰イオン濃度の積と**溶解度積**を比較すると高校化学で勉強したと思う。この章では、まず溶解度積から見ていく。

溶解度積は、難溶性塩の飽和溶液中に存在する陽イオン濃度と陰イオン濃度の積として定義されている。例えば、AgClは、$AgCl \rightleftarrows Ag^{+} + Cl^{-}$ という平衡が成立し、この平衡定数は $K = \frac{[Ag^{+}][Cl^{-}]}{[AgCl]}$ となる。分母は固体であり[AgCl]は一定値とみなせるので、分子を溶解度積 $K_{sp} = K[AgCl] = [Ag^{+}][Cl^{-}]$ とする。この値は沈殿が生じるかどうかの目安となる量でもある。溶液中の陽イオンと陰イオンの濃度の積が溶解度積を超えると沈殿が生じる。また、溶解度積も平衡定数の一種とみることができ、前章でみたように、$\Delta G^{\circ} = -RT \ln K_{sp}$ が成り立つ。つまり、溶解度積は溶液の種類と温度が決まれば一定の値をとることが分かる。代表的な物質の溶解度積を表11 − 1に示す。

表11-1　おもな溶解度積(289.15 K)

$AgCl$	1.77×10^{-10}	FeS	1.59×10^{-19}
AgI	8.51×10^{-17}	$Mg(OH)_2$	1.80×10^{-11}
$BaCO_3$	2.58×10^{-9}	$Ni(OH)_2$	5.47×10^{-16}
$BaSO_4$	1.07×10^{-10}	$PbCl_2$	1.17×10^{-5}
$CaCO_3$	4.96×10^{-9}	$Pb(OH)_2$	1.42×10^{-20}
CuS	1.27×10^{-36}	PbS	9.04×10^{-29}
$Fe(OH)_2$	4.87×10^{-17}	ZnS	2.90×10^{-25}
$Fe(OH)_3$	2.64×10^{-39}		

POINT 溶解度積を利用することができる。

例題 11 − 1

25 ℃における水に対する塩化銀の溶解度を求めよ。
必要なら、表11 − 1を用いよ。

解答

塩化銀の溶解度を x (mol/L) とする。$AgCl \rightleftarrows Ag^+ + Cl^-$ が成り立っているので、$K_{sp} = x^2$ となる。表11-1より $K_{sp} = 1.77 \times 10^{-10}$ より、

$$x = \sqrt{1.77} \times 10^{-5} = 1.33 \times 10^{-5} (mol/L)$$

となる。

例題11－2

次の標準電極電位を用いて塩化銀の溶解度積を求めよ。

$$Ag^+ + e^- \rightleftarrows Ag \quad E_1^\circ = 0.7991V$$

$$AgCl + e^- \rightleftarrows Ag + Cl^- \quad E_2^\circ = 0.2223V$$

解答

難溶性塩の溶解度は非常に小さいので、起電力などから求めることが多い。まず、前章で学んだネルンストの式を用いると、上記の反応の電位は、

$$E1 = 0.7991 - \frac{RT}{F} \ln \left[Ag^+\right]^{-1}$$

$$E2 = 0.2223 - \frac{RT}{F} \ln [Cl^-]$$

となる。平衡時状態では $E_1 = E_2$ なので、

$$E_1 - E_2 = 0.7991 - 0.2223 + \frac{RT}{F} \ln \left[Ag^+\right] + \frac{RT}{F} \ln [Cl^-] = 0$$

$$0.5768 + \frac{RT}{F} \ln \left[Ag^+\right][Cl^-] = 0$$

$$-0.5768 = \frac{RT}{F} \ln K_{sp}$$

となる。計算すると、$K_{sp} = 1.7764 \times 10^{-10}$ となり、表11－1の値と一致する。また、この反応の標準ギブズ自由エネルギーも $\Delta G^\circ = -RT \ln K_{sp}$ より求めることができる。塩化銀の場合、$\Delta G^\circ > 0$ となり、塩の形成（沈殿）に平衡が傾いていることが、改めて示された。

11-2 陽イオンの系統分析

陽イオンの確認は陽イオンの系統分析として高校化学で学んだ。系統分析での反応は最も基本的な反応なので、ここでもう一度復習を行い錯体につなげたいと思う。

例題11－3

Li^+、K^+、Ba^{2+}、Ca^{2+}、Na^+、Al^{3+}、Zn^{2+}、Fe^{3+}、Pb^{2+}、Cu^{2+}、Ag^+を含む水溶液がある。各イオンが本当に含まれていることを、図１１－１Ａに示すような沈殿形成などの基礎的な反応により確認したい。各四角に入るイオンを応えよ。

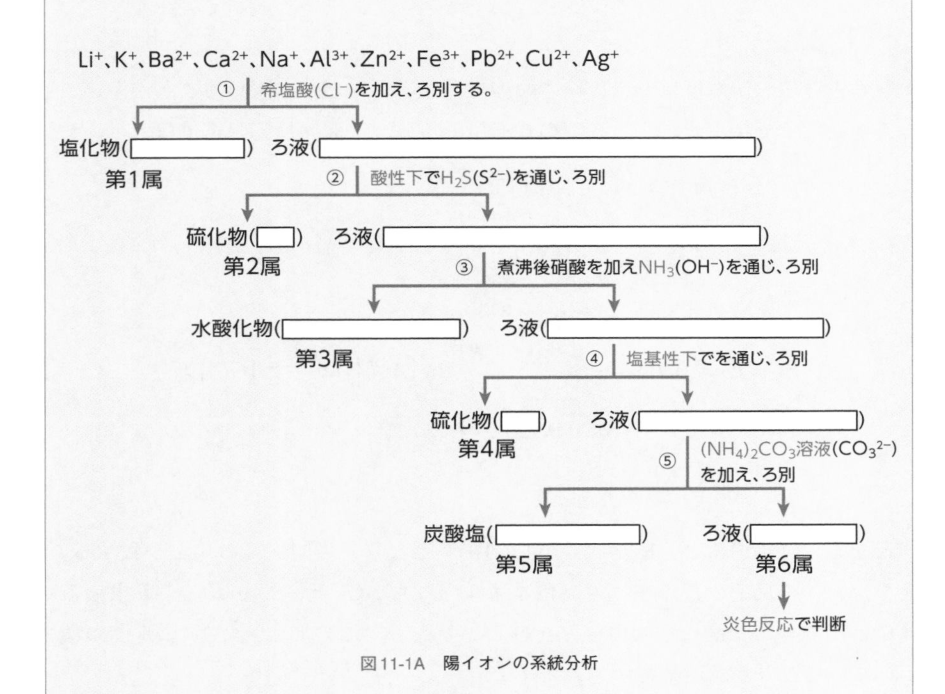

図11-1A 陽イオンの系統分析

解答

図11－1Aにある方法を陽イオンの系統分析という。各四角に入るイオンは図11－1Bに示すとおりである。

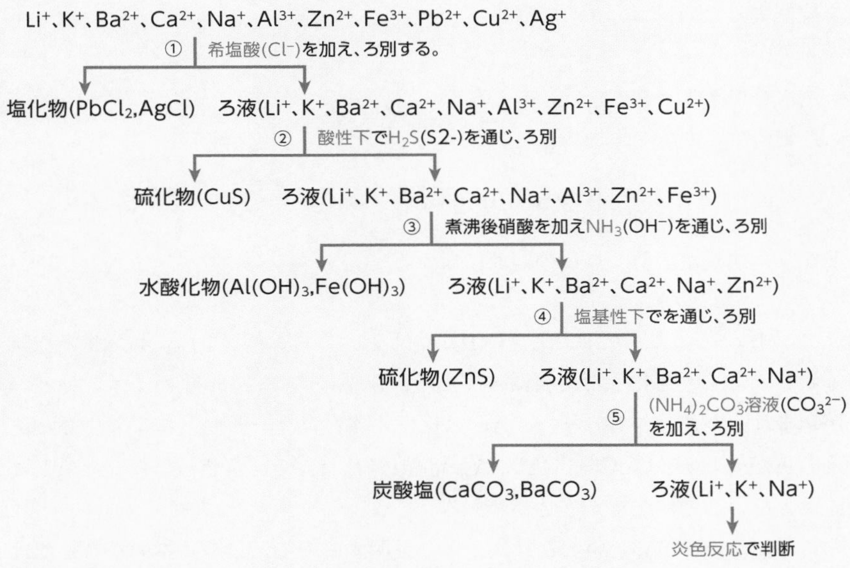

図11-1B 陽イオンの系統分析

この系統分析により、陽イオンは第1属～第6属までに分類される。
各属について、詳しく見ていく。

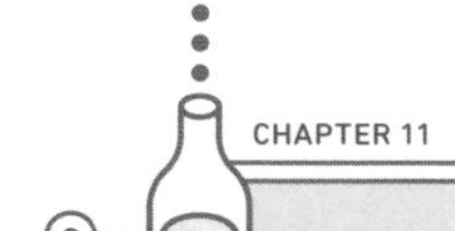

11-3　第1属

この属は、塩化物イオンにより沈殿が生じる金属イオンからなる。Ag^+、Pb^{2+}、Hg^{2+}が含まれ、いずれも白色沈殿を生じる。どのイオンが含まれるかを確認するためには、

- 熱水を加えると$PbCl_2$が溶解する。
- 過剰のアンモニアを加えると、

$$AgCl + 2NH_3 \rightarrow [Ag(NH_3)_2]^+ + Cl^-$$

となり、沈殿が溶解し無色の溶液になる。

アンモニアにより生じた$[Ag(NH_3)_2]^+$はジアンミン銀（Ⅰ）イオンという錯イオンで、イオン化した金属錯体である。以上により、3種類のイオンのどれが含まれるかが分かる。また、Ag^+は反応するハロゲンイオンにより生じる沈殿の色が変わる。AgCl（白色）、AgBr（淡黄色）、AgI（黄色）である。AgFは沈殿しないことに注意する必要がある。

錯体についての詳しいことは次章より説明するので、最も基本的なことだけここで解説する。金属錯体とは、金属（中心金属という）にアンモニアのような化合物（配位子という）が配位結合により結合したものをいう。配位結合については第4章を参照していただきたい。配位子の種類や数により、錯体（あるいは、錯イオン）の色などが決まってくる。

CHAPTER 11

11-4　第2属、第4属

第2属および第4属は硫化水素（H_2S）により硫化物の沈殿を生じる属である。第2属は溶液が酸性でも塩基性でも沈殿を生じ、第4属は塩基性の場合でしか沈殿を生じない。沈殿は多くの場合、黒色であるが、ZnSは白色、CdSは黄色、MnSは淡い赤色もしくは桃色、SnSは灰黒色（銀色に近い）、SnS_2は金色を呈する。

各属に含まれる代表的なイオンをまとめると、

- 第2属：Cd^{2+}、Sn^{2+}、Pb^{2+}、Cu^{2+}
- 第4属：Mn^{2+}、Zn^{2+}、Fe^{2+}、Ni^{2+}

となる。では、なぜ液性により沈殿が生じたり生じなかったりするのかを説明する。

ふたたび表11－1を見ていただきたい。溶解度積の値は、第2属のCuSが1.27×10^{-36}で第4属のZnSは2.9×10^{-25}である。硫化水素は$H_2S \rightleftarrows 2H^+ + S^{2-}$と電離している。酸性条件では、溶液中の$[H^+]$が高く、左に平衡が傾くため$[S^{2-}]$が低くなる。このため、溶解度積の小さな$Cu^{2+}$は沈殿するが、溶解度積の大きな$Zn^{2+}$は沈殿しない。

CuSに過剰のアンモニアを加えると、

$$CuS + 4NH_3 \rightarrow [Cu(NH_3)_4]^{2+} + S^{2-}$$

により$[Cu(NH_3)_4]^{2+}$（テトラアンミン銅（Ⅱ）イオン）が生じ深い青色を呈する。

深い青色となる理由は、第14章で説明する。

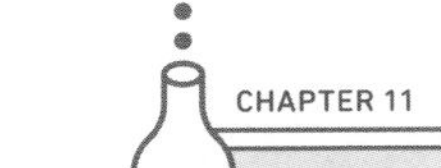

11-5　第3属

第3属は加熱によりH_2Sを追い出し、硝酸でFe^{2+}をFe^{3+}に酸化したのち、過剰のアンモニアで沈殿する属である。Al^{3+}とFe^{3+}が属し、$Al(OH)_3$（白色）と$Fe(OH)_3$（赤褐色）を生じる。
Fe^{2+}も$Fe(OH)_2$（緑白色）を生じるが、溶解度が大きく分離が難しいので、Fe^{3+}に酸化してろ別する。

過剰の水酸化ナトリウムを加えると、

$$Al(OH)_3 + NaOH \rightarrow Na^+ + [Al(OH)_4]^-$$

により、$[Al(OH)_4]^-$（テトラヒドロキシドアルミン酸イオン）が生じ溶解する。同様の反応はZn^{2+}でも、$Zn(OH)_2 + 2NaOH \rightarrow 2Na^+ + [Zn(OH)_4]^{2-}$（テトラヒドロキシド亜鉛（Ⅱ）酸イオン）のように起こる。
しかし、Zn^{2+}は過剰のアンモニアにより$[Zn(NH_3)_4]^{2+}$（テトラアンミン亜鉛（Ⅱ）イオン）となっており、沈殿していないので第4属となるわけである。第3属で液性が塩基性となったので、第4属は上でも述べたように、塩基性でH_2Sにより沈殿が生じるイオンが属することになる。

放射性同位元素である^{140}Baと^{140}Laの分離では、第3族の沈殿反応が応用される。両者が存在する溶液にBa^{2+}とFe^{3+}を加えアンモニア水を加えると、$Fe(OH)_3$が表面に^{140}Laを吸着した形で沈殿する。Ba^{2+}が存在するため^{140}Baは$Fe(OH)_3$沈殿に吸着されず溶液中に残り分離される。この方法を共沈分離という。共沈分離では、本章で説明する陽イオンの系統分析法が用いられる第3族の沈殿反応以外も利用される。

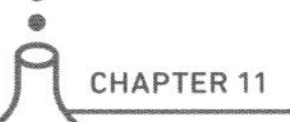

CHAPTER 11

11-6　第5属、第6属

第5属は、炭酸塩として白色沈殿を生じるイオンが属している。Na^+、K^+、NH_4^+以外の炭酸塩は難溶性である。例題11－3では、この段階までに、ある程度の金属イオンが沈殿しており、この段階で沈殿するのはBa^{2+}とCa^{2+}となる。また、この2つのイオンとPb^{2+}の硫酸塩は白色沈殿となることも知られている。

炭酸カルシウムと炭酸バリウムは塩酸に溶解し二酸化炭素を発生する。

$$CaCO_3 + 2HCl \rightarrow CaCl_2 + H_2O + CO_2$$
$$BaCO_3 + 2HCl \rightarrow BaCl_2 + H_2O + CO_2$$

また、炭酸カルシウムを強熱することでも二酸化炭素を発生する。

$$CaCO_3 \rightarrow CaO + CO_2$$

この他に気体が発生する反応は次の例のように、無機化学反応では多く見られる。

気体発生反応の例

$FeS + H_2SO_4 \rightarrow FeSO_4 + H_2S\uparrow$　希硫酸を使用

$Cu + 4HNO_3 \rightarrow Cu(NO_3)_2 + 2H_2O + 2NO_2\uparrow$　濃硝酸を使用

Ca^{2+}とBa^{2+}の確認は、沈殿を生じなかったイオンと同様に、炎色反応で可能である。

第6属は、どのような操作によっても沈殿の見られないイオンが属する。このイオンは、炎色反応により確認ができる。炎色反応は、熱エネルギーにより最外殻電子が励起し、その後、基底状態に戻る際に発光する現象である。元素により発光のエネルギーが決まっており、発光の色から元素を特定できる（表11－2）。

11-7　工業反応

POINT 工業的に使われる反応を、例を示しながら説明ができる。

例題11－4

有名な工業反応を挙げよ

解答

代表的なものとして、

・硫酸製造の接触法
・硝酸製造のオストワルト法
・アンモニア製造のハーバー・ボッシュ法
・炭酸ナトリウム製造のアンモニアソーダ法（ソルベー法）
・アルミニウムや鉄の製造

などがある。

解答で示した反応について見ていく。

・接触法

二酸化硫黄から硫酸を製造する方法である。
まず、V_2O_5を触媒として、

$$2SO_2 + O_2 \rightarrow 2SO_3$$

により二酸化硫黄を三酸化硫黄をとする。生成した三酸化硫黄を濃硫酸に吸収させ、希硫酸で希釈する。

$$SO_3 + H_2O \rightarrow H_2SO_4$$

により三酸化硫黄が硫酸に変換される。三酸化硫黄を濃硫酸に吸収させたものを発煙硫酸とよぶ。触媒の定義に関しては第10章で解説している。また、第

15章でも、触媒の反応機構について解説しているので、参照してほしい。

・オストワルト法

アンモニアを硝酸に変換する製造法である。

$$4NH_4 + 5O_2 \rightarrow 4NO + 6H_2O$$
$$2NO + O_2 \rightarrow 2NO_2$$
$$3NO_2 + H_2O \rightarrow 2HNO_3 + NO$$

という反応で変換を行っている。最初の反応では白金が触媒として用いられる。最後の反応で生じる一酸化窒素は回収され、2番目の反応で用いられる。

・ハーバー・ボッシュ法

単にハーバー法と呼ばれることもある。鉄を主成分とした触媒上で、400～600℃、200～1000 atmという条件で、窒素と水素からアンモニアを製造する方法である。

$$N_2 + 3H_2 \rightarrow 2NH_3$$

・アンモニアソーダ法

考案者の名前をとりソルベー法ともよばれる。
塩化ナトリウムから炭酸ナトリウムを製造する方法である。

$$A:\ 2NaCl + CaCO_3 \rightarrow Na_2CO_3 + CaCl_2$$

まとめると、反応Aのような反応となるが、実際には数段階の反応で進行する。まず、原料の炭酸カルシウムの熱分解により二酸化炭素を発生させる。

$$B:\ CaCO_3 \rightarrow CaO + CO_2$$

この二酸化炭素を用いて、

$$C:\ NaCl + NH_3 + CO_2 + H_2O \rightarrow NaHCO_3 + NH_4Cl$$
$$D:\ 2NaHCO_3 \rightarrow Na_2CO_3 + H_2O + CO_2$$

反応Dは沈殿として生じた炭酸水素ナトリウムの熱分解反応である。この反応で発生した二酸化炭素も反応Cの原料となる。

反応Bで生じた酸化カルシウム（CaO）は反応Cで生じたNH_4Clとともに、以下の反応で、アンモニア製造に利用される。

E: $CaO + H_2O \rightarrow Ca(OH)_2$
F: $Ca(OH)_2 + 2NH_4Cl \rightarrow CaCl_2 + 2H_2O + 2NH_3$

反応BからFをまとめると反応Aになる。

・アルミニウムの製造

原料鉱石（ボーキサイト）を濃水酸化ナトリウムにより水酸化アルミニウムの沈殿とし、この沈殿を加熱して酸化アルミニウム（Al_2O_3）とする。酸化アルミニウムを加熱溶解し、電気分解（溶融塩電解という）によりAlを取り出す。

・鉄の製造

鉄鉱石に、コークスの燃焼により発生した一酸化炭素（CO）を作用させると、以下の反応が起こる。

$3Fe_2O_3 + CO \rightarrow 2Fe_3O_4 + CO_2$
$Fe_3O_4 + CO \rightarrow 3FeO + CO_2$
$FeO + CO \rightarrow Fe + 3CO_2$

ここで得られる鉄は不純物として炭素などを含む硬くてもろい銑鉄である。銑鉄は、鋳物などに用いられる。銑鉄に熱処理などをおこない強度や弾力性を増したものが鋼である。

11-8　参考文献

1．増田秀樹、長嶋雲平「ベーシックマスター無機化学」オーム社（2010）
2．田中勝久他「演習無機化学－基礎から大学院入試まで－第2版」東京化学同人（2017）
3．川瀬雅也、山川純次「大学で学ぶ化学」化学同人（2012）

錯体の構造

本章で学ぶ内容

1. 錯体とは何か
2. 基本的な錯体の命名法
3. 基本的な錯体の構造と例

現在の無機化学における重要な柱の一つが錯体化学である。錯体には、本章で説明される金属錯体と、後の章で説明される有機金属化合物が含まれる。錯体は従来の無機化学や有機化学の両方にまたがる分野であり、理解のためには化学の広い分野横断的な知識が必要となる場面も出てくる。錯体は分野横断的であるので、面白いし、難しくもある。本章で取り上げる命名法は、錯体の学ぶ上では最初のハードルとなるところで、ここで挫折しないように多くの問題を入れた。問題の解答を通して、次のステップに進んでいただきたい。

CHAPTER 12

12-1 錯体とは何か？

第11章で金属錯体に少し触れたが、正確な定義はまだなので、ここで錯体の定義を行いたい。錯体には、金属(中心金属という)と配位子が配位結合で結ばれる金属錯体と、金属と炭素が直接結合する有機金属化合物がある。NH_3 や H_2O などは非共有電子対を持ち電子対供与体となる。この様な分子(原子の場合もある)が配位子となる。配位子から、電子対が電子対受容体(中心金属)に供与され、配位子と中心金属が共有することでできる結合が配位結合である。

図12-1にあるように、金属錯体は中心金属と配位子が配位結合で結ばれている。有機金属化合物では、金属と有機物が金属-炭素結合で結ばれる。金属錯体の磁性、光特性、電気特性など様々な性質(物性)は、その構造との関係が注目されている。また、触媒能も注目の性質の一つである。有機金属化合でも金属錯体の性質と同様の性質が注目される。特に触媒能あるいは反応性が注目されている。
本章では、まず金属錯体の構造について扱う。金属錯体の物性や反応性、有機金属化合物に関しては次章以降で扱う。

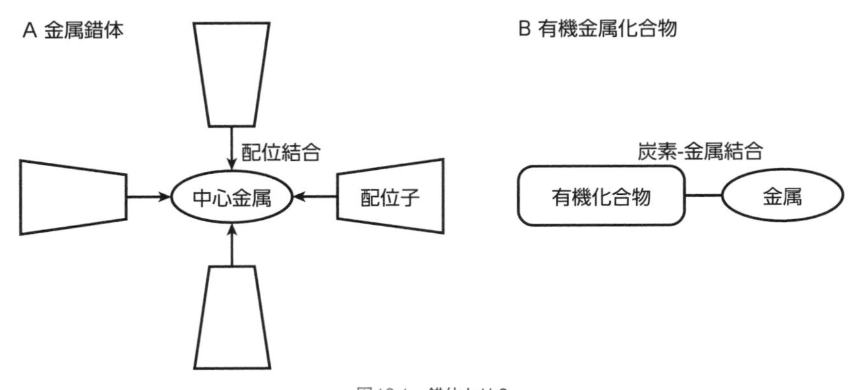

図12-1　錯体とは？

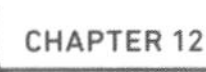

CHAPTER 12

12-2 配位子の構造

中心金属が何本の配位結合を持つかを示す数値が配位数である。金属は多くの場合、特有の配位数を持っている。代表的なものを表12-1に示す。FeやCuのように、複数の配位数を持つ金属もある。また、表12-1にあげた値以外の配位数をとるものもある。(HgI_3など)

表12-1 金属の持つ典型的な配位数の例

配位数	金属
2	Ag、Cu、Hgなど
4	Al、V、Mn、Fe、Co、NI、Cuなど
6	Mg、V、Cr、Mn、Mo、Fe、Co、Ni、Cu、Ag、Znなど

次に、金属錯体の配位子にはどのようなものがあるのかを見ることにする。特定の金属と配位子の組み合わせの間に何本の配位結合が作られるかで、配位子が分類される。

- 単座配位子・・・金属と配位子1つの間に配位結合が1本形成される場合。
  (NH_3、SH、OH、H_2O、ハロゲン、アミノ酸など)
- 多座配位子・・・金属と配位子1つの間に配位結合が複数本形成される場合。
  配位結合が2本の場合:二座配位子
  配位結合が3本の場合:三座配位子

などとなる。

配位子の構造を説明することができる。

例題 12-1

二座配位子以上の配位子の例を調べよ。

解答

図12-2、3を見よ。また、よく使う配位子には構造や名前を示す際、簡略化するための省略記号が付けられている。代表的なものを図12-3に示す。

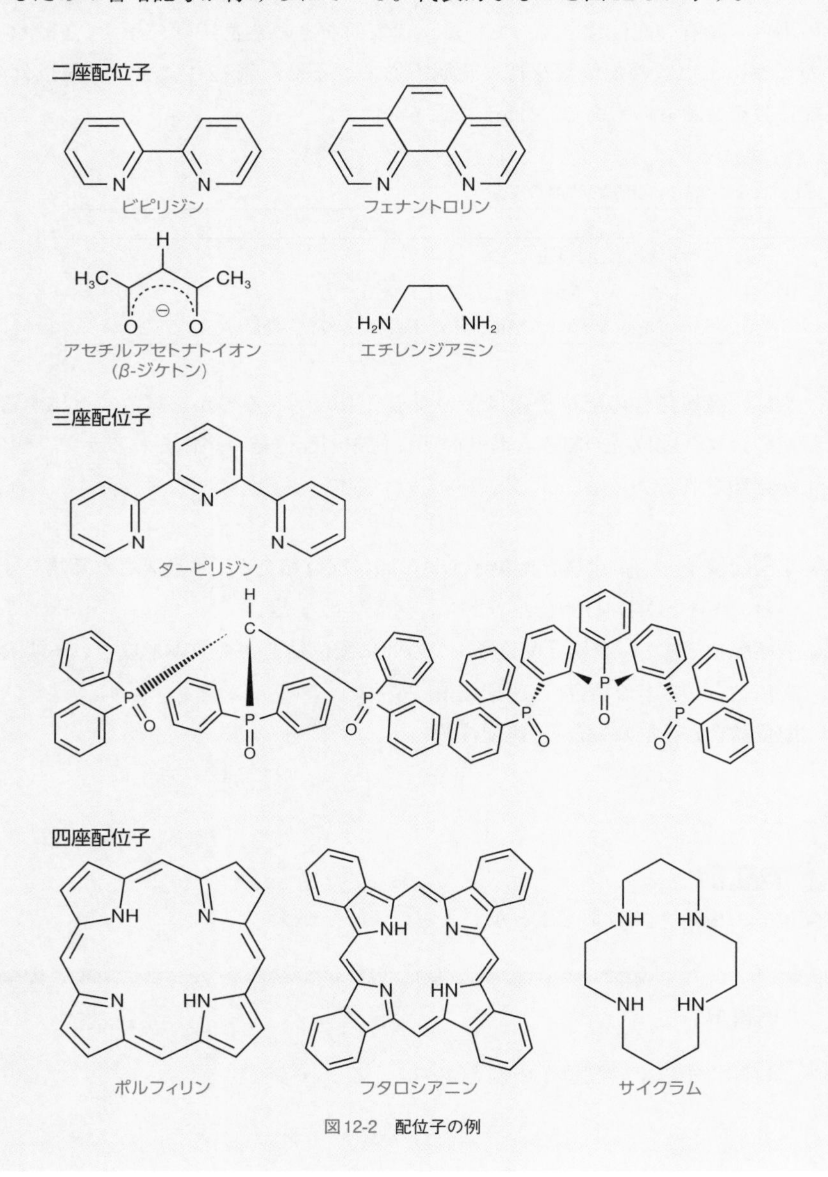

図12-2　配位子の例

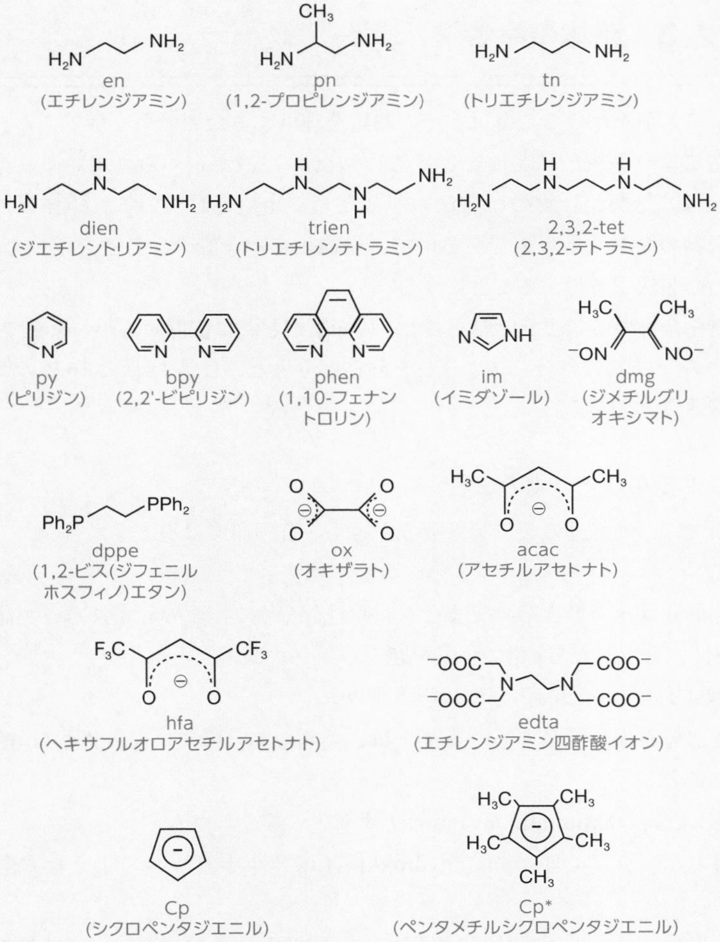

en
(エチレンジアミン)

pn
(1,2-プロピレンジアミン)

tn
(トリエチレンジアミン)

dien
(ジエチレントリアミン)

trien
(トリエチレンテトラミン)

2,3,2-tet
(2,3,2-テトラミン)

py
(ピリジン)

bpy
(2,2'-ビピリジン)

phen
(1,10-フェナントロリン)

im
(イミダゾール)

dmg
(ジメチルグリオキシマト)

dppe
(1,2-ビス(ジフェニルホスフィノ)エタン)

ox
(オキザラト)

acac
(アセチルアセトナト)

hfa
(ヘキサフルオロアセチルアセトナト)

edta
(エチレンジアミン四酢酸イオン)

Cp
(シクロペンタジエニル)

Cp*
(ペンタメチルシクロペンタジエニル)

図12-3　配位子の省略記号

12-3 錯体の命名法

物質に名前を付けることは、その物質を理解するための第一歩である。物質の構造により系統的に名前を付ける方法(命名法)が定められている。錯体の命名法は、無機化合物の命名法の一部として定められている。錯体以外の無機化合物の命名法も重要であるので、無機化合物全般の命名法を学びながら、錯体の命名法を習得することにする。

無機化合物の命名法では周期表でその元素がどこに位置するかが重要である。Alより左下を陽性部分、Bより右を陰性部分とし、Hは15族と16族の間に位置する性質と考える。

12-3-1 簡単な化合物の命名

英語では陽性部分の後に陰性部分を書く。日本語では逆。

- 陽性部分は元素名をそのままとし、陰性部分が1種類の元素なら、英語では-ideに、日本語なら-化に語尾を変える。
  例:NaCl sodium chloride 塩化ナトリウム
- 陰性部分が複数元素からなる場合は、英語なら-ateに、日本語なら-酸に語尾を変える。
  例:KNCS potassium thiocyanate チオシアン酸カリウム
  例外として、NaOH sodium hydroxide 水酸化ナトリウムのような水酸化物がある。
- 数を表す場合は以下の数詞1を用いる。誤解がなければ1(mono)は省略される。また、複合語となる原子団には数詞2を用いる。錯体の場合は、構造が簡単な配位子には数詞1、複雑な構造の配位子には数詞2を用いる。数詞2はほとんどの場合、後で示す錯体の命名で用いるので、錯体の命名の際に例を示す。

【数詞1】

1: モノ(mono) 2: ジ(di) 3: トリ(tri) 4: テトラ(tetra) 5: ペンタ(penta) 6: ヘキサ(hexa) 7: ヘプタ(hepta) 8: オクタ(octa) 9: ノナ(nona) 10: デカ(deca)

【数詞2】

2: ビス(bis) 3: トリス(tris) 4: テトラキス(tetrakis) 5: ペンタキス(pentakis)
6: ヘキサキス(hexakis) 7: ヘプタキス(heptakis) 8: オクタキス(octakis)
9: ノナキス(nonakis) 10: デカキス(decakis)

- イオンの命名

陽イオンについては、単一元素からなる場合は元素名をそのまま使う。

例:Na^{+} sodium ion ナトリウムイオン

金属イオンなどでは、価数をつける

例:Cu^{2+} copper(II) ion 銅(II)イオン

- 陰イオンについては、英語では-ideに、日本語では-化物イオンに元素名の語尾を変える。

例:Cl^{-} chloride ion 塩化物イオン

12-3-2 錯体の命名法

1. 錯体の化学式は[ ]で囲む。
   記載順:中心金属、陰イオン配位子、陽イオン配位子、中性配位子
2. 配位子はアルファベット順に記載し、中心金属を最後に記載する。
   ただし、数詞は順序には関係しないとする。
   数詞1の例:$[Co(NO_3)_2(NH_3)_4]^{+}$ tetraamminedinitrocobalt(III)ion テトラアンミンジニトロコバルト(III)イオン
   数詞2の例:$[Cu(acac)_2]$ bis(acetulacetonato)copper(II)
   ビス(アセチルアセトナト)銅(II)
3. 錯体が陰イオンのとき中心金属の語尾を英語では-ateに、日本語では-酸に変える
4. 中心金属の価数を示す。
   例:$[Fe(CN)_6]^{4-}$ hexacyanoferrate(II)ion ヘキサシアノ鉄(II)酸イオン
   $[Co(NH_3)_6]_3^{+}$ hexaamminecobalt(III)ion ヘキサアンミンコバルト(III)イオン
   $[Co(NH_3)_3Cl_3]$ triamminetrichlorocobalto(III) トリアンミントリクロロコバルト(III)

5. 陰イオンの配位子は語尾を-oとする。
6. 中性もしくは陽イオンの配位子は語尾を変えない。
7. π電子をもつ配位子(有機金属化合物に多い)では、配位子の前にηをつける

ここで説明した命名法は、最も基礎的なものなので、より詳しい解説が必要になった場合は、命名法に関する書籍などを参照してほしい。
(例えば、日本化学会命名法専門委員会「化合物命名法」東京化学同人(2016))

錯体の命名法を理解している

例題 12-2

次の化合物の日本語名をつけよ。

(1)$K_4[Fe(CN)_6]$　(2)$K_3[Fe(CN)_6]$　(3)$[Co(NH_3)_6]Cl_3$
(4)$[Cu(NH_3)_4]SO_4$　(5)$[Cu(acac)_2]$　(6)$[Fe(C_5H_5)_2]$

解答

(1) ヘキサシアノ鉄(II)酸カリウム
CN(シアノ基)が6個あるので数詞は「ヘキサ」を用いる。数詞2が用いられるのは、ほとんどが多座配位子の場合と思えばよい。中心金属は鉄で2価なので錯体の部分は「ヘキサシアノ鉄(II)」となり、陰イオンなので、最後に「酸」をつけて、陰イオン部は「ヘキサシアノ鉄(II)酸」。陽イオンがカリウムであることを示し、解答のようになる。これで、命名が完了する。

(2) ヘキサシアノ鉄(III)酸カリウム
(3) ヘキサアンミンコバルト(III)塩化物
(4) 硫酸テトラアンミン銅(II)
(5) ビス(アセチルアセトナト)銅(II)
(6) ビス(η^5-シクロペンタジエニル)鉄(II);慣用名、フェロセン

ηの右肩の数値はハプト数とよばれる。有機金属では、配位子がπ電子をもつ場合などでは、金属と隣接する複数の原子が等価に配位する場合がある。この等価な原子数を表すのがハプト数である。ハプト数が1の場合は1を省略することが多い。6の例では、5員環の5個の炭素が等価に鉄に配位するので、η^5となる。詳しくは、有機金属の章（第15章）で説明する。

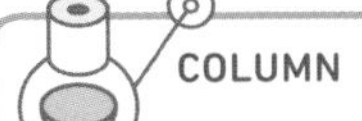

「命名法」

化学物質に名前を付ける（命名する）ことは、化学の重要な基本事項の一つである。どの国の化学に関係する人でも、その物質名から、すぐに、その物質の構造を知ることができることは、化学の成果の共有や利用において非常に重要なことである。もしルールがなく、皆が自分のルールで勝手に物質名をつけていたなら、知識の共有はあり得ない。このことからも、全ての関係者に、間違いなく情報を伝達するために、化合物の命名の一定のルール（命名法）を定めることが、いかに大事かは、すぐにわかってもらえると思う。

化合物の命名法には、IUPAC（International Union of Pure and Applied Chemistry；国際純正・応用化学連合）命名法とChemical Abstracts Index Namesの二つがある。前者では、有機化合物に関する命名法が1947年に最初に刊行された。無機化合物に関する命名法は1971年が初版である。IUPAC命名法は、昔から知られている化合物に対して、複数の名前（ethanolとethyl alcoholなど）を認めているケースがあり、情報検索上、問題となることもある。

Chemical Abstracts Index Namesでは、情報検索を進めるため、一つの化合物に対して一つの名前が与えられている。どちらの命名法でも、今後、新規の化合物の増加に対応が十分できるかどうか問題となっている。

参考：畑一夫「書く人と読む人のための化合物名―情報検索に備えて―」
http://cicsj.chemistry.or.jp/14_5/hata.html

12-4　錯体の立体構造

金属錯体は、その配位数により立体構造が決まってくる。代表的な配位数と立体構造を図12-4に示す。

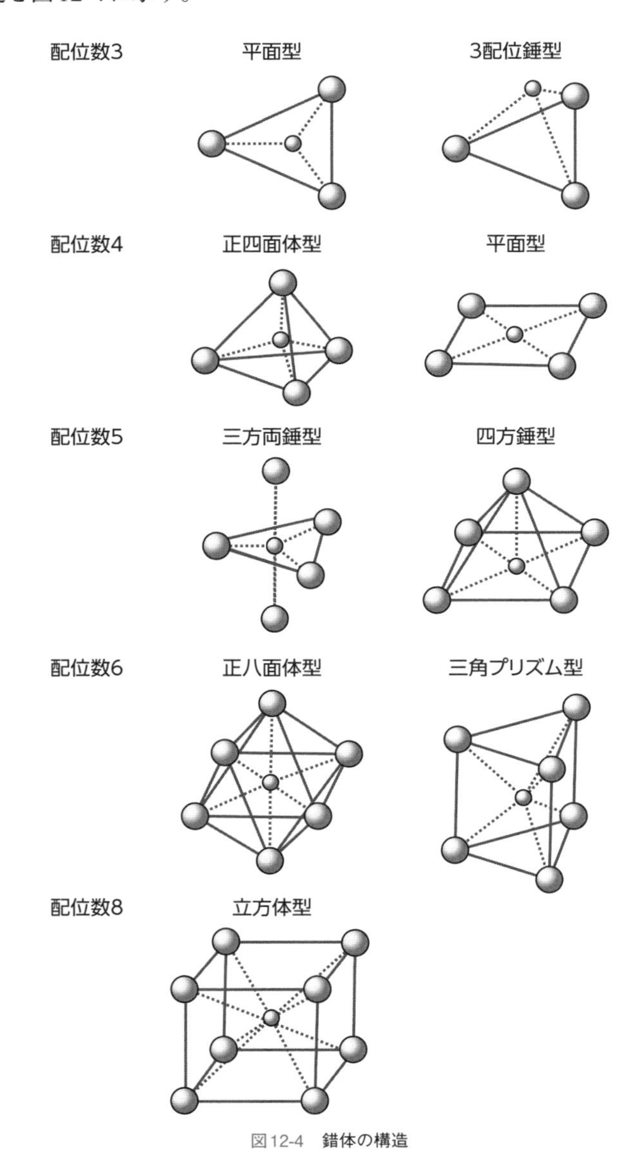

図12-4　錯体の構造

この図にはないが、配位数が2のときは、ほぼ直線型になる。

例）$[Ag(NH_3)_2]^+$ は $[H_3N\text{-}Ag\text{-}NH_3]^+$ という構造をとる。

配位数に応じて、取りうる構造が複数個あるので、どの構造をとるかはX線結晶解析などの方法で確認する必要がある。X線結晶解析については、後の章で説明する。

 例題12-3

表12-1に示す錯体が図12-4に示される構造をとるか調べよ。

表12-1 例題12-3

$[HgI_3]^-$	$[InCl_5]^{3-}$
$[Ni(PF_3)_4]$	$[Fe(CN)_6]^{3-}$
$[PtCl_4]^{2-}$	MoS_2
$[AlCl_4]^-$	$[UF_8]^{3-}$
$[CuCl_5]^{3-}$	

解答

表12-2 例題12-3解答

配位数	錯体	構造
3	$[HgI_3]^-$	平面型
	$[Ni(PF_3)_4]$	3配位錘型
4	$[PtCl_4]^{2-}$	平面型
	$[AlCl_4]^-$	正四面体
5	$[CuCl_5]^{3-}$	三方両錘型
	$[InCl_5]^{3-}$	四方錘型
6	$[Fe(CN)_6]^{3-}$	正八面体型
	MoS_2	三角プリズム型
8	$[UF_8]^{3-}$	立方体型

ここに示した錯体だけではなく、他にも多くの錯体と構造が見つかるはずである。各自で調べていただきたい。

12-5　錯体における異性体

錯体では、中心金属の周りの配位子の配置により異性体が発生する。異性体には、図12-5にあるように、構造異性体、光学異性体、幾何異性体がある。

構造異性体は、1つの配位子に配位可能な位置が2か所以上あり、配位する位置が異なる場合に発生する。図12-5の例では、左の構造はSCNのSで配位しており、右の構造はNで配位している。

光学異性体は、有機化合物の場合と同じく鏡面対象となっている。錯体で最も一般的にみられる6配位の正八面体構造において、2座配位子が含まれる場合に発生する。図中のΔ体、Λ体はそれぞれ、(-)の旋光度を持つ、あるいは、(+)の旋光度を持つことを示している。

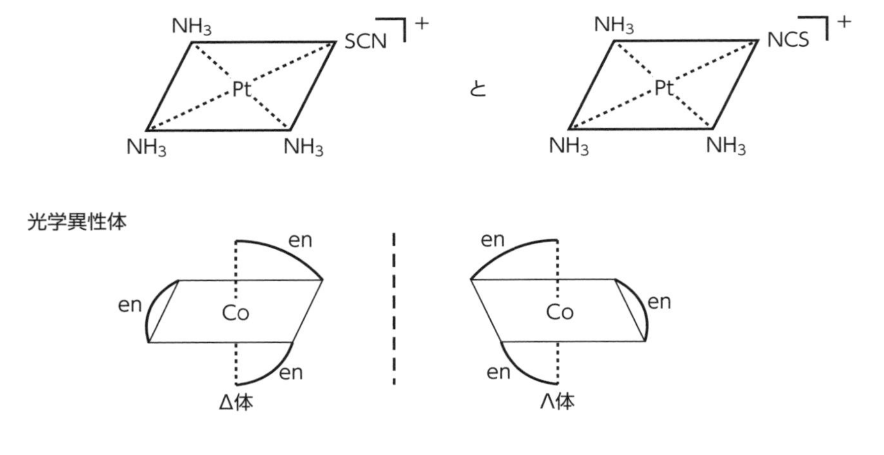

図12-5　錯体の構造

幾何異性体は、2種類以上の配位子が中心金属に配位しているときに発生する。まず、4配位の平面構造については、$[Pt(NH_3)_2Cl_2]$を見ていただきたい。Clに注目すると、2個のClが隣り合っている場合がシス(*cis*)体で、隣り合っていない場合がトランス(*trans*)体になる。

6配位八面体では、さらに、異性体のパターンが増える。一般式で錯体を表す場合、中心金属はMで表される。2種類の配位子aとbがMに配位しているとする。aが4個、bが2個中心金属Mに配位している場合は、bが隣り合う場合がcis体で、そうでなければ*trans*体となる。a、bともに3個ずつ配位している場合は、例えば、図12-6のようにaに注目して、aの作る面がMを含まない場合を*fac* (facial; フェイシャル)体、Mを含む場合を*mer* (meridional; メリディオナル)体となる。

ここで解説した異性体は最も基本的なものに限っており、この他に、より複雑なものも多数存在する。

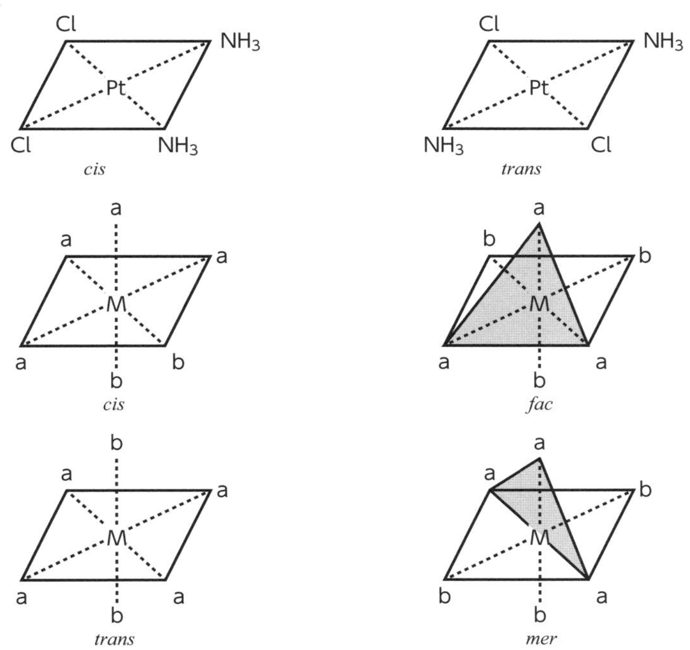

図12-6　錯体の構造（続）

光学異性体を理解している

例題12-4

$[Co(NH_3)Cl(en)_2]Br$ (en; エチレンジアミン)は、幾何異性体と光学異性体を持つ錯体である。各自で、錯体の構造を実際に書いて、確認せよ。

解答

図12-7のように、cis体で光学異性体が発生する。

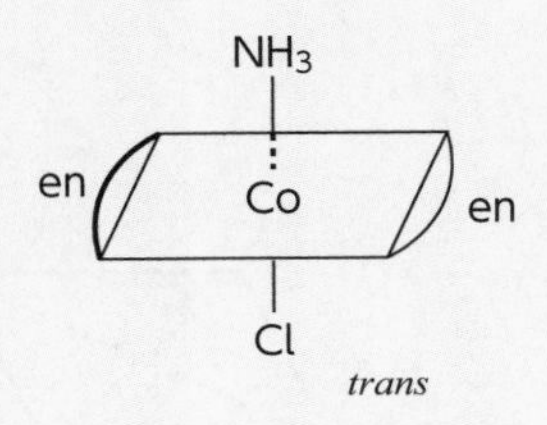

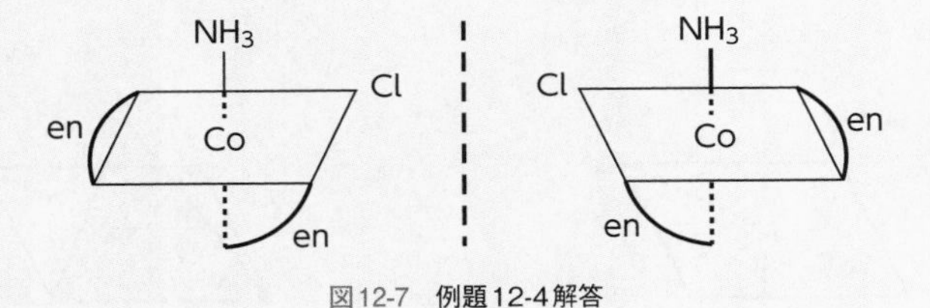

図12-7　例題12-4解答

錯体の安定性と反応

本章で学ぶ内容

1. 錯体の安定度定数
2. HSAB則
3. 水溶液中での錯体の反応

本章では、錯体の安定性を取り上げる。多くの場合、錯体は溶液中で取り扱われる。このため、溶液中での錯体の安定性が重要となる。本章では、熱力学的な平衡論に基づく安定度定数を解説し、続いて、錯体の安定度定数と安定性を論じるときに欠かせないHSAB則も説明する。また、錯体の配位子置換反応にも触れる。

13-1 ルイス酸とルイス塩基

溶液中での錯体を取り扱うとき、溶液中での錯体生成の化学平衡が重要となってくる。溶液中での錯体の基本的な物性に酸・塩基としての働きがある。そこで、まず酸・塩基について復習をしてみたい。

ブレンステッド・ローリーの定義

- 酸・・・プロトン(H^+)を他の分子に与えるもの
- 塩基・・プロトンを他の分子から受け取るもの

例えば、図13-1に酢酸の電離の様子を示している。水(H_2O)を溶媒とした場合、水の濃度は変化しないと考えてよく、化学平衡の式には表れない。今回は、理解しやすくするために水も反応式の中に入れて示すこととした。

図13-1の例では、反応側では水は塩基として働いているが、逆反応の原料を考えると酸と塩基が逆転している。水は反応側では酢酸よりプロトンを受け取る(ブレンステッド酸)となる。逆反応側では、酢酸イオンにプロトンを渡しており(ブレンステッド塩基)、場面ごとに酸の場合と塩基の場合がある。

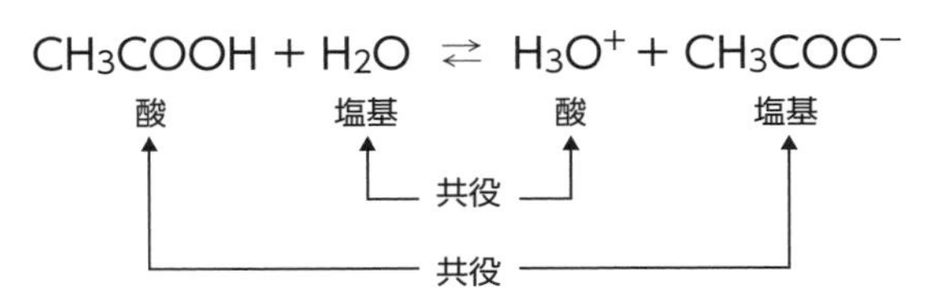

図13-1 酢酸の電離と共役酸塩基対

ルイス酸とルイス塩基の定義

ルイス酸・・・非共有電子対を他分子から受け取るもの

ルイス塩基・・・非共有電子対を他分子に与えるもの

図13-2を見ていただきたい。銅とアンモニアから、錯体を作るための反応式である。
図13-2の下の四角の領域にあるように、アンモニアからの非共有電子対を共有する配位結合が作られている。銅が非共有電子対を受け取っているのでルイス酸となり、アンモニアはルイス塩基となる。

$$CuX_2 + 4NH_3 \rightarrow [Cu(NH_3)_4]^{2+} + 2X^-$$

Xは対となる陰イオン

$$Cu^{2+} \leftarrow :NH_3$$

図13-2　銅-アンモニアにおける錯体形成

化学の基本知識であるルイス酸・塩基をしっかりと理解する。

例題13-1

次の反応で、どちらの物質がルイス酸なのかを示せ。

(1) $CO_2 + OH^- \rightarrow CO_3H^-$

(2) $BF_3 + NH_3 \rightarrow BF_3NH_3$

(3) $H^+ + OH^- \rightarrow H_2O$

解答

(1) OH^-が非共有電子対を与えているので、CO_2がルイス酸

以下、同様に考えて、(2) NH_3 (3) OH^-

13-2　錯体の安定度定数

中心金属(M)と配位子(L)が錯体を $M + L \rightleftarrows ML$ の反応で作るとき、平衡定数は

$$K = \frac{[ML]}{[M][L]}$$

となり、これを安定度定数とよぶ。Kの逆数は解離定数とよばれる。Mに複数のLが配位するときは、配位する数をnとして、

$$M + nL \rightleftarrows ML + (n-1)L \quad K_1 = \frac{[ML]}{[M][L]}$$

$$ML + (n-1)L \rightleftarrows ML_2 + (n-2)L \quad K_2 = \frac{[ML_2]}{[ML][L]}$$

…

$$ML_{n-1} + L \rightleftarrows ML_n \quad K_n = \frac{[ML_n]}{[ML_{n-1}][L]}$$

となる。K_1、K_2、・・・K_n を逐次安定度定数とよぶ。また、$\beta_n = K_1 \cdot K_2 \cdots K_n$ として、全安定度定数(β_n)を定義する。全安定度定数は

$$M + nL \rightleftarrows ML_n \quad \beta_n = \frac{[ML_n]}{[M][L]^n}$$

と、考えればいい。

POINT

安定度定数を用いて、計算ができる。

例題 13-2

2価のコバルトイオンは水溶液中でアクア錯体$[Co(H_2O)]^{2+}$かヒドロキソ錯体$[Co(OH)]^+$か、どちらかの形をとる。どちらになるかはpHに依存している。アクア錯体の割合が(1)50%、(2)75%、(3)99%となるpHを求めよ。
但し、ヒドロキソ錯体の安定度定数は $\log_{10}\beta_1 = 2.95$ である。

解答

$\log_{10}\beta_1 = 2.95$ より $\beta_1 = K_1 = \dfrac{[[Co(OH)]^+]}{[Co^{2+}][OH^-]} = 10^{2.95}$ である。

よって、

$$\frac{[[Co(OH)]^+]}{[Co^{2+}]} = 10^{2.95}[OH^-] = \frac{10^{2.95}\times 10^{-14}}{[H^+]} = \frac{10^{-11.05}}{[H^+]}$$

$$[H^+] = 10^{-11.05}\frac{[Co^{2+}]}{[[Co(OH)]^+]}$$

となって、水素イオン濃度が求まる。

ここで、$[H^+][OH^-] = 10^{-14}$（水のイオン積）を用いた。

題意より、

$$[Co^{2+}]_0 = [[Co(OH)]^+] + [[Co(H_2O)]^{2+}]$$

$$[Co^{2+}] = [Co^{2+}]_0 - [[Co(OH)]^+] = [[Co(H_2O)]^{2+}]$$

となる。$[Co^{2+}]_0$ は全コバルト濃度で、題意より、錯体になっていないコバルトイオンはない。従って、ヒドロキソ錯体となっていないコバルトイオンはアクア錯体となっている。

アクア錯体の割合をxとすると、ヒドロキソ錯体は$1-x$となる。

(1) 50%　$[H^+] = 10^{-11.05}\dfrac{x}{1-x} = 10^{-11.05}\dfrac{0.5}{1-0.5} = 10^{-11.05}$

$pH = -\log[H^+] = 11.05$

(2) 75%　$[H^+] = 10^{-11.05}\dfrac{0.75}{1-0.75} = 10^{-11.05}\times 3 = 3\times 10^{-11.05}$

$pH = -\log[H^+] = 10.57$

(3) 99%　$[H^+] = 10^{-11.05}\dfrac{0.99}{1-0.99} \approx 10^{-11.05}\times 100 = 10^{-9.05}$

$pH = -\log[H^+] = 9.05$

pHにより、安定な錯体の形が変わることがよく分かると思う。

13-3　キレート反応

EDTAのように、複数の配位座(配位できる部位)を持つ化合物が金属に配位する場合、図13-3のように、金属を挟み込むような形となる。この形態をキレートとよび、生成する錯体をキレート錯体という。キレートとは「カニやエビのはさみ」を意味するギリシャ語で、錯体の形状が、カニやエビがハサミで金属イオンを捕まえている様子に似ているため名づけられた。EDTAは分子内に4つの配位座を持つため、生成するキレート錯体は図13-3のような形となる。

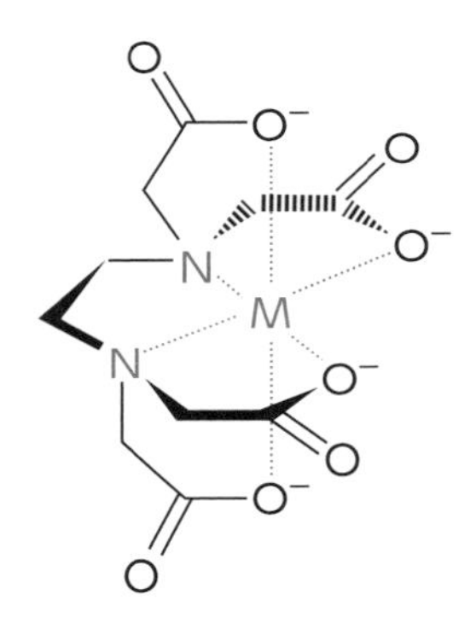

図13-3　キレート錯体の例

EDTAと金属イオンの錯形成反応を考える。EDTAの化学形(どの程度の電離か)はpHにより異なる。EDTAの電離の様子を見てみると、

$$YH_4 \rightleftarrows YH_3^- + H^+ \qquad K_1 = \frac{[H^+][YH_3^-]}{[YH_4]} = 1.0 \times 10^{-2}$$

$$YH_3^- \rightleftarrows YH_2^{2-} + H^+ \qquad K_2 = \frac{[H^+][YH_2^{2-}]}{[YH_3^-]} = 2.2 \times 10^{-3}$$

$$YH_2^{2-} \rightleftarrows YH^{3-} + H^+ \qquad K_3 = \frac{[H^+][YH^{3-}]}{[YH_2^{2-}]} = 6.9 \times 10^{-7}$$

$$YH^{3-} \rightleftarrows Y^{4-} + H^+ \qquad K_4 = \frac{[H^+][Y^{4-}]}{[YH^{3-}]} = 5.5 \times 10^{-11}$$

EDTAの初濃度をC_Tとすると、$C_T=[Y^{4-}]+[YH^{3-}]+[YH_2^{2-}]+[YH_3^-]+[YH_4]$となる。

$$\left[YH_3^-\right]=\frac{K_1[YH_4]}{[H^+]},\ \left[YH_2^{2-}\right]=\frac{K_2\left[YH_3^-\right]}{[H^+]}=\frac{K_1K_2[YH_4]}{[H^+]^2},$$

$$\left[YH^{3-}\right]=\frac{K_3\left[YH_2^{2-}\right]}{[H^+]}=\frac{K_1K_2K_3[YH_4]}{[H^+]^3},$$

$$\left[Y^{4-}\right]=\frac{K_4\left[YH^{3-}\right]}{[H^+]}=\frac{K_1K_2K_3K_4[YH_4]}{[H^+]^4}$$

$$C_T=\frac{K_1K_2K_3K_4+K_1K_2K_3[H^+]+K_1K_2[H^+]^2+K_1[H^+]^3+[H^+]^4}{[H]^4}[YH_4]$$

ここで、C_Tに対する各イオン濃度の比を考える。

$$\frac{1}{\alpha_Y}=\frac{\left[Y^{4-}\right]}{C_T}=\frac{K_1K_2K_3K_4}{K_1K_2K_3K_4+K_1K_2K_3[H^+]+K_1K_2[H^+]^2+K_1[H^+]^3+[H^+]^4}$$

$$\frac{1}{\alpha_{HY}}=\frac{\left[HY^{3-}\right]}{C_T}=\frac{K_1K_2K_3[H^+]}{K_1K_2K_3K_4+K_1K_2K_3[H^+]+K_1K_2[H^+]^2+K_1[H^+]^3+[H^+]^4}$$

$$\frac{1}{\alpha_{H2Y}}=\frac{\left[H_2Y^{2-}\right]}{C_T}=\frac{K_1K_2[H^+]^2}{K_1K_2K_3K_4+K_1K_2K_3[H^+]+K_1K_2[H^+]^2+K_1[H^+]^3+[H^+]^4}$$

$$\frac{1}{\alpha_{H3Y}}=\frac{[H_3Y^-]}{C_T}=\frac{K_1[H^+]^3}{K_1K_2K_3K_4+K_1K_2K_3[H^+]+K_1K_2[H^+]^2+K_1[H^+]^3+[H^+]^4}$$

$$\frac{1}{\alpha_{H4Y}}=\frac{[H_4Y]}{C_T}=\frac{[H^+]^4}{K_1K_2K_3K_4+K_1K_2K_3[H^+]+K_1K_2[H^+]^2+K_1[H^+]^3+[H^+]^4}$$

ここで、α_i(iは上の式のいずれかの化学種)を副反応係数、$\frac{1}{\alpha_i}$をiの分率とよぶ。

EDTAのようにpHにより電離の様子が異なる(化学形が異なる)場合、その影響も考慮に入れた安定度定数を求めることがある。これを条件安定度定数もしくは条件付生成定数とよぶ。

$$M^{2+}+Y^{4-}\rightleftarrows[MY]^{2-}\quad K=\frac{\left[MY^{2-}\right]}{\left[M^{2+}\right]\left[Y^{4-}\right]}$$

において、金属イオンの分率を$\frac{1}{\alpha_M}=\frac{\left[M^{2+}\right]}{[M_{all}]}$とすると、条件安定度定数K'は$K'=\frac{K}{\alpha_M\alpha_Y}$となる。

キレート反応における副反応係数および分率の計算ができる。

例題13-3

pH=10におけるY^{4-}の分率を求めよ。また、2価金属イオン(M^{2+})とキレートを作った場合の条件安定度定数を求めよ。
この反応の安定度定数の値を10^{11}とする。また、M^{2+}の副反応は考慮しなくてもいいものとする。

解答

Y^{4-}の分率は、

$$\frac{1}{\alpha_Y} = \frac{K_1K_2K_3K_4}{K_1K_2K_3K_4 + K_1K_2K_3[H^+] + K_1K_2[H^+]^2 + K_1[H^+]^3 + [H^+]^4}$$

$$= \frac{(1.0\times10^{-2})\times(2.2\times10^{-3})\times(6.9\times10^{-7})\times(5.5\times10^{-11})}{K_1K_2K_3K_4 + K_1K_2K_3[H^+] + K_1K_2[H^+]^2 + K_1[H^+]^3 + [H^+]^4}$$

$$= \frac{83.49\times10^{-23}}{83.49\times10^{-23} + 15.18\times10^{-22} + 2.2\times10^{-35} + 1\times10^{-32} + 1\times10^{-40}} \approx 0.355$$

また、条件安定度定数は、$K' = \dfrac{K}{\alpha_Y} = 2.82\times10^{11}$となる。

多座配位子の場合、配位座の数が増えるほど、キレート錯体が安定する。これをキレート効果という。この理由は、配位座の数が増えると、エンタルピー変化がほとんどないのに対し、エントロピーの変化が大きくなり、全体としてギブズ自由エネルギーが小さくなるためである。

CHAPTER 13

13-4　HSAB則

金属錯体の形成では、中心金属をルイス酸、配位子をルイス塩基と考え、金属イオンの分類が試みられた。金属イオンとハロゲンからなる錯体の安定度定数を調べると、

クラスa:$F^- > Cl^- > Br^- > I^-$

クラスb:$F^- < Cl^- < Br^- < I^-$

の2つに分類ができる。ノースウェスタン大学のR.G.Pearsonが1960年代にクラスaを硬い、クラスbを軟らかいとした。これらの分類結果を表13-1に示す。次のような場合に安定な錯体が形成されることが経験則として分かってきた。

1. 硬い酸と硬い塩基の組み合わせ
2. 軟らかい酸と軟らかい塩基の組み合わせ
3. 中間的な酸と塩基の組み合わせ

この様に酸・塩基の硬さ・軟らかさにより錯体の安定性が決まってくるという法則をHSAB則(Hard and Soft Acids and Bases principle)とよんでいる。
酸や塩基の硬さ(η)はイオン化エネルギー(I)と電子親和力(EA)より $\eta = \frac{1}{2}(I - EA)$ として表される。

表13-1　酸と塩基の硬さ

	硬い(H)	中間的性質	軟らかい(S)
酸 (A)	H^+　Li^+　Na^+　K^+ Br^+　Mg^{2+}　Ca^{2+}　Al^{3+} Ga^{3+}　La^{3+}　Cr^{3+}　Fe^{3+} Ti^{4+}　Zr^{4+}　Sn^{4+}　BF_3 RSO_2^+　I^{5+}　I^{7+}	Fe^{2+}　Co^{2+}　Ni^{2+} Cu^{2+}　Zn^{2+}　Pb^{2+} Sn^{2+}　Bi^{3+}　Rh^{2+} NO^+　RC^+	Cu^+　Ag^+　Au^+　Ti^+ Hg^+　Pd^{2+}　Cd^{2+}　Pt^{2+} Hg^{2+}　Pt^{4+}　Tl^{3+}　RS^+ I^+　Br^+
塩基 (B)	H_2O　OH^-　F^-　$SO4^{2-}$ PO_4^{3-}　CH_3COO^-　Cl^- CO_3^{2-}　ClO_4^-　NO_3^-　ROH RO^-　NH_3　RNH_2 N_2H_4	$C_6H_5NH_2$　Br^- C_5H_5N　N_3^-　NO_2^- SO_3^-	R_2S　RSH　RS^-　I^- SCN^-　R_3P　R_3As CO　H^-　R^-　CN^-

13-5　錯体の配位子置換反応

13-5-1　配位子置換反応の反応機構

配位子置換反応とは、錯体ML_nに対して、新しい配位子Zが反応し

$$ML_n + Z \rightarrow ML_{n-1}Z + L$$

となる反応である。この反応機構としては、

- まず、ML_nからLが脱離しML_{n-1}が生成し、その後、Zと結合する(解離機構)
- まず、ML_nZが生成し、その後、Lが脱離する(会合機構)

という機構がある。

この他に、上の2つの機構の中間的なもので、両者が同時に進む機構である。中心金属の近くに新しい配位子Zが位置して、Lと交替する機構である(分子内交換機構)。

$$ML_n + Z \rightarrow [\, ML_n \cdots Z \rightarrow ML_{n-1}Z \cdots L \,] \rightarrow ML_{n-1}Z + L$$

のように考えればよい。

有機金属化合物においても配位子置換反応が起こる。この点については、有機金属化合物を扱う第14章で解説する。

13-5-2　トランス効果

主に平面4配位錯体において、陰性の配位子はトランス位の配位子の結合を不安定にするという経験則がある。これをトランス効果という。これにより、シス位よりもトランス位の方が置換されやすくなる。トランス効果は正八面体錯体ではあまり強く表れない。

また、トランス効果は、CN^-, CO, NO > NO_2 >I^- > Br^- > Cl^- >NH_3>OH^- >H_2Oのような順に弱くなることも知られている。

 例題13-4

$[PtCl_4]^{2-}$のCl$^-$とNH$_3$が置換する場合、2個目のNH$_3$はどこに入るか。また、$[Pt(NH_3)_4]^{2+}$のNH$_3$とCl$^-$が置換する場合、2個目のCl$^-$はどこに入るかを説明せよ。

解答

図13-4(A)のように、$[PtCl_4]^{2-}$のCl$^-$とNH$_3$が置換する場合、2個目のNH$_3$は、最初に置換したNH$_3$のシス位に入る。

これに対して、図13-4(B)のように$[Pt(NH_3)_4]^{2+}$のNH$_3$とCl$^-$が置換する場合、2個目のCl$^-$は、トランス効果により、最初に置換したCl$^-$のトランス位に入る。

図13-4　四置換Ptの反応

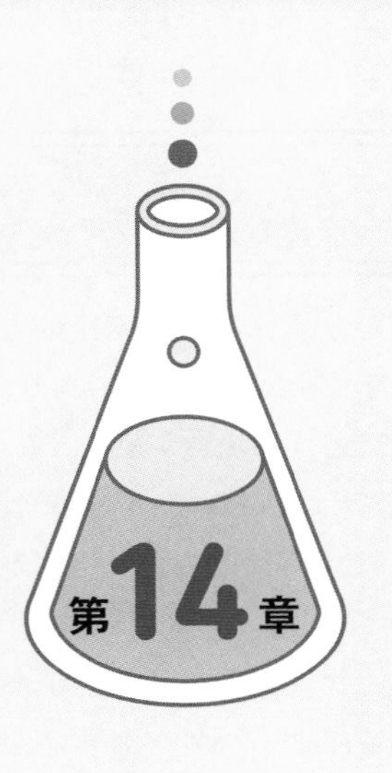

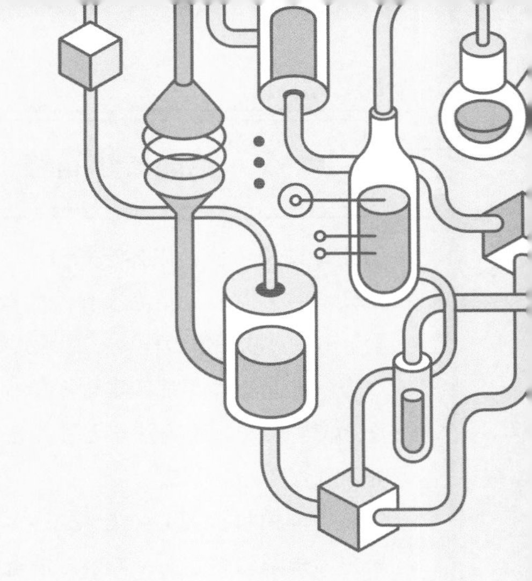

錯体の物性

本章で学ぶ内容

1. 結晶と非晶質
2. 結晶場理論
3. 錯体の色と磁気物性の基礎

本章では、錯体の物性を取り上げる。遷移金属を中心金属とする錯体は多くの場合、着色している。この理由は、d軌道の分裂により説明ができる場合が多い。錯体の磁気物性についても同様である。遷移金属錯体のd軌道の分裂を説明する最も基礎的なものが結晶場理論である。本章では、結晶場理論を理解するための基礎となる事項(結晶と非晶質)や、関連する事項(単結晶X線解析)についても解説を行う。

14-1　結晶と非晶質

錯体に限らず、固体を扱うとき、まず、結晶なのか非晶質なのかで扱い方が変わってくる。結晶なら、構造はX線結晶解析で調べることが可能であり、物性も固体物理学の理論で説明ができたり、予想が出来たりする場合が多くある。一方、非晶質は非常に難しくなってくる。構造は一定ではないので、赤外吸収などで特徴を知る方法をとることが多く、物性についても理論的な取り扱いが難しくなる。

この理由は、図14-1を見ていただきたい。結晶は、構成する原子や分子が一定の規則に従い並んでいる構造であるのに対し、非晶質は局所的には秩序があるのだが、結晶のような規模の大きな秩序はない。この違いが、非晶質の理論的な取り扱いを難しくしている。しかし、非晶質はこの構造的な特徴から、結晶にない特徴を持っている。例えば、非晶質の中には、腐食しにくい、強度が高い、あるいは、強い磁性を持つような物質があり、基幹材料となっているものも少なくない。

結晶

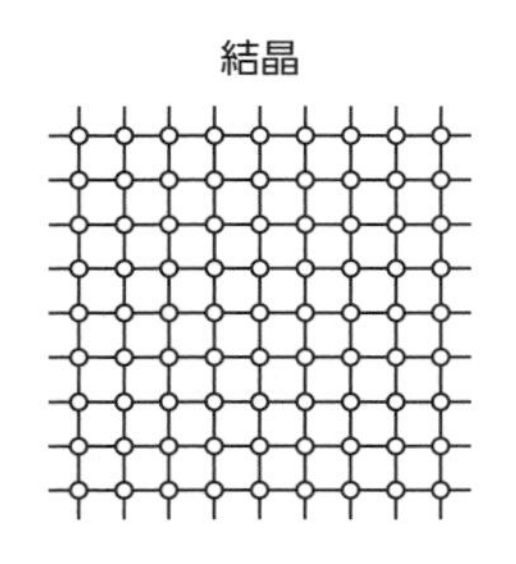

準結晶

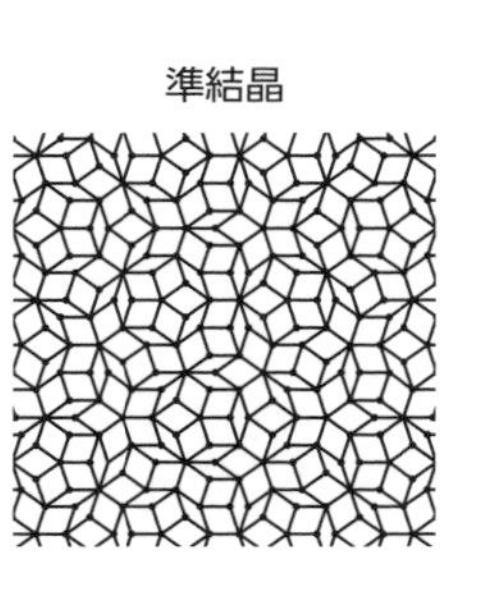

非晶質(アモルフォス)

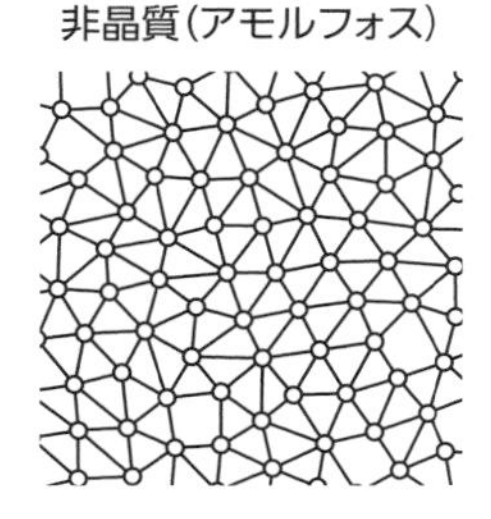

図14-1　結晶、準結晶、非晶質

結晶と非晶質の違いをしっかりと理解する。

例題 14-1

非晶質が用いられる材料を調べよ。

解答

非晶質はアモルファスともよばれ、金属を高温に加熱し急冷することで作ることが出来る。非晶質には、結晶のように原子や分子の配列に決まった方向がない。磁性を持つ材料の非晶質(Fe-Si-Bなど)は、磁化しやすい特性からトランスの芯として使われたり、非晶質Si(アモルファスシリコン)は太陽電池に使われたりしている。他にも、いろいろあるので各自で調べてほしい。

例題 14-2

図14-1にある準結晶について調べよ

解答

準結晶は、図14-1にあるように局所的には非常秩序のある構造をとっているが、広い範囲でみると秩序が失われる。これは、ある秩序ある部分を平行移動すると、結晶なら重なる部分が、すぐに見つかるが、準結晶では見つからない。平行移動で同じ構造が出てくることを並進対称性があるというが、準結晶には、この並進対称性がないわけである。準結晶は、結晶とも非晶質とも異なる構造である。この発見に対して、2011年にノーベル化学賞が授与された。準結晶の応用研究も盛んにおこなわれている。

14-2 結晶場理論

錯体がどの様な構造をとるかは第12章でみているので、そちらも参照しながら、本章を読み進めてもらいたい。ここでは、錯体の中で、構造としてとるものが多い4配位四面体(正四面体となる)配置と6配位八面体(正八面体となる)配置について考えたい。

図14-2を見ていただきたい。6配位八面体配置では、配位子は全て座標軸上に配置される(図14-2A)。これに対し、4配位四面体配置では、配位子は、全て座標軸上にはなく中間方向に位置している。この配位子の配置が非常に重要となる。

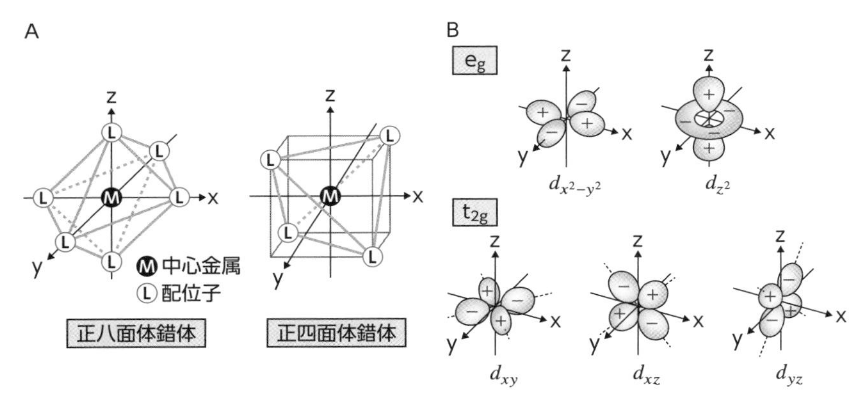

図14-2 錯体の構造とd軌道の関係

配位子により作られるエネルギー場の影響を考える。球対称結晶場※1に金属がおかれると、d軌道のエネルギーは金属が孤立(他からの影響のない状態)している場合よりも高くなる(図14-3A)。ここに、配位子による場が加わると考える。

※1 球対称結晶場とは、中心金属を中心とした球面上に、均等に分布した結晶場で、どの方向からも、同じ作用を受ける。このため、以下でみるようなd軌道の分裂はないが、孤立している場合よりもエネルギー高い状態となる。

第2章でみたように、d軌道には5種類の軌道が存在し、通常は、5重に縮退している。図14-2Bのように、座標軸上に伸びている2種類のd軌道($d_{x^2-y^2}$とd_{z^2})をe_g、座標軸の中間方向に伸びている3種類のd軌道(d_{xy}、d_{yz}、d_{xz})をt_{2g}と表される。4配位四面体配置の場合、配位子は座標軸の中間方向にあるため、t_{2g}軌道と接近し、t_{2g}のエネルギーが高くなる。これに対し、6配位八面体配置では、配位子は座標軸上にあるため、e_gのエネルギーが高くなる。よって、d軌道の縮退が解けて、図14-3Bのようにd軌道が分裂することになる。この分裂が結晶場による分裂である。

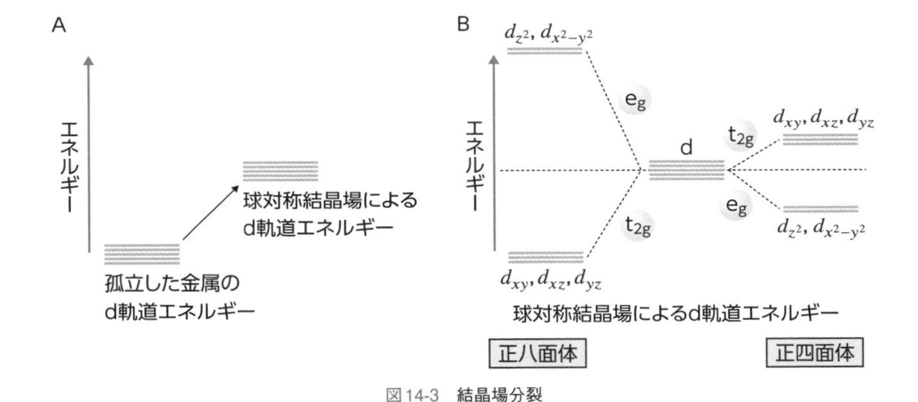

図14-3　結晶場分裂

分裂により生じるエネルギーを10 Dqとする場合が多い。10 Dqは配位子により変化することが知られており、結晶場の強さにより配位子を並べたものを分光化学系列とよぶ。以下に、分光化学系列の抜粋を挙げる。

$I^- < Br^- < S^{2-} < SCN^- < Cl^- < NO_3^- < F^- < OH^- < H_2O$
$< NCS^- < NH_3 < en < bpy < CN^- < CO$

元の軌道エネルギーとの差がどの程度になるかも重要で、大きさは図14-4に示されている。

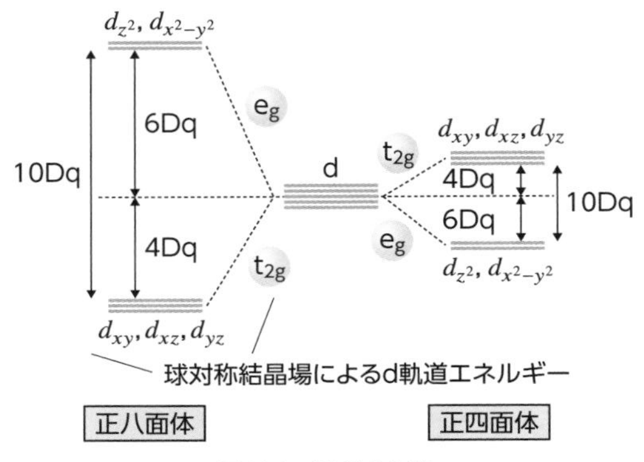

図14-4　d軌道の分裂

配位子場によるd軌道の分裂を説明でき、分光化学系列による分裂エネルギーの大小関係を予測できる。

例題 14-3

4配位正方形配置でのd軌道分裂を説明せよ。

解答

図14-5Aのように、正方形配置では、配位子はxおよびy軸上に位置する。つまり、x軸あるいはy軸方向に軌道が伸びるd軌道のエネルギーが高くなる。一番影響を受けるのが$d_{x^2-y^2}$であり、次に影響を受けるのがd_{xy}である。d_{z^2}もz軸を中心にドーナツ型の形をとる軌道の形より多少の影響を受ける。よって、図14-5Bのような分裂になる。

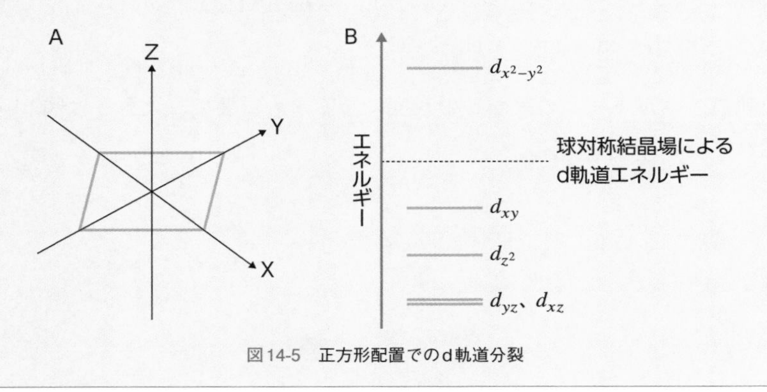

図14-5　正方形配置でのd軌道分裂

例題 14-4

3種類のクロム錯体がある。10 Dqの大きなものから並べよ。

$[CrI_6]^{3-}$、$[Cr(H_2O)_6]^{3+}$、$[Cr(CN)_6]^{3-}$

解答

分光化学系列では、$I^- < H_2O < CN^-$なので、

$[Cr(CN)_6]^{3-}$、$[Cr(H_2O)_6]^{3+}$、$[CrI_6]^{3-}$となる。

次に、結晶場が大きくなることによる電子配置への影響を見る。2価の鉄イオンはd軌道に6個の電子を持ち6配位八面体配置となる。図14-6のように、結晶場が強く10Dqが大きな場合は、全電子がt_{2g}の軌道に入る。結晶場が弱く10 Dqが小さな場合は、まず、全d軌道に1個ずつ電子が入り、最後の1個がエネルギーの低い軌道に入る。前者では、電子スピンの合計が0(上向きのスピンを$\frac{1}{2}$、下向きのスピンを$-\frac{1}{2}$とするので、$\frac{1}{2} \times 3 + \left(-\frac{1}{2}\right) \times 3 = 0$)、後者は、同様に計算して2となる。前者を低スピン状態、後者を高スピン状態とよぶ。低スピン状態では電子のエネルギーの合計は、6個の電子全てがt_{2g}に入るので、$-4Dq \times 6 = -24Dq$となり、これが結晶場による安定化エネルギーとなる。高スピン状態では2個の電子がe_gに4個の電子がt_{2g}に入るので、

$6Dq \times 2 - 4Dq \times 4 = -4Dq$となる。つまり、低スピン状態の方が安定な状態であることが分かる。

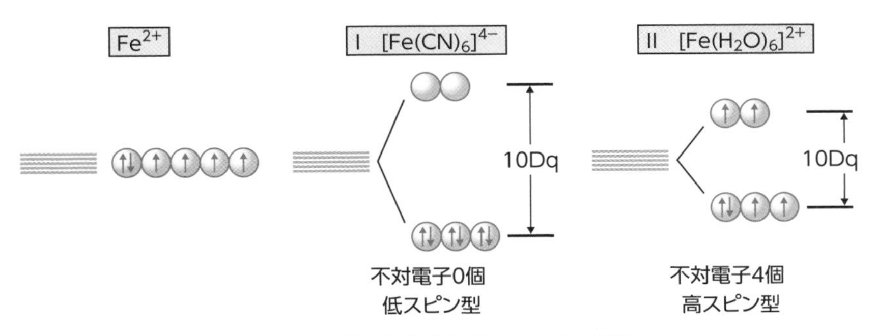

図14-6 スピン状態による分裂エネルギーの変化

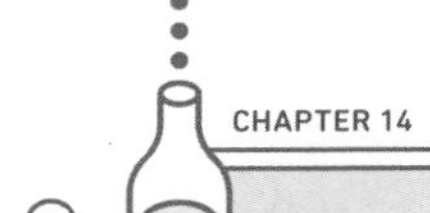

14-3　ヤーン・テラー効果

ヤーン・テラー効果とは「非直線分子は、電子軌道が縮退した状態では安定に存在できない」ことを表しており、上の例でみていた正八面体の構造は、実際には安定した構造としては取りえないことを示している。

図14-7に示す$[CuX_6]^{4-}$という錯体を考える。ここで、Xはハロゲンとする。X=Clのとき、z軸方向のCu-X(Cl)の結合距離aは2.95 Åとなり、z軸に直交する平面上のCu-X(Cl)の結合距離bは2.30 Åとなることが分かっている。X=Brなら、a=3.18 Å、b=2.40 Åとなる。このように、6配位八面体構造では、正八面体ではなく、歪のかかった八面体となる。

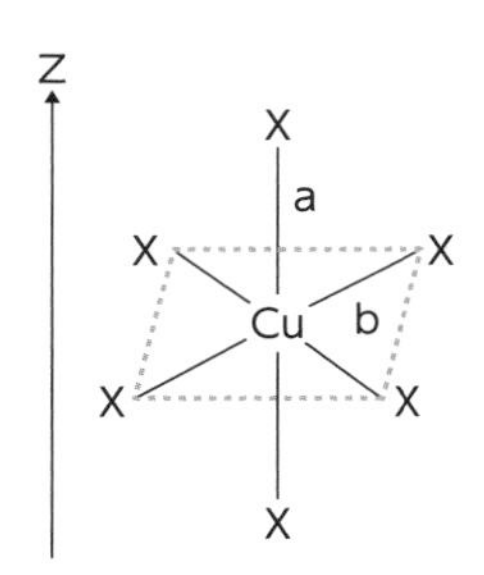

図14-7　6配位八面体構造

なぜこのようにz軸方向が伸びるのかを考えてみる。Cu^{2+}のd軌道には9個の電子が入っており、図14-8のような電子配置になることがある。この場合、z軸方向の電子密度が高くなり、z軸上の配位子がCuより離れようとする。この結果、上記のようにz軸方向が伸びた八面体を生じ、d軌道もさらに分裂して安定な構造となる。

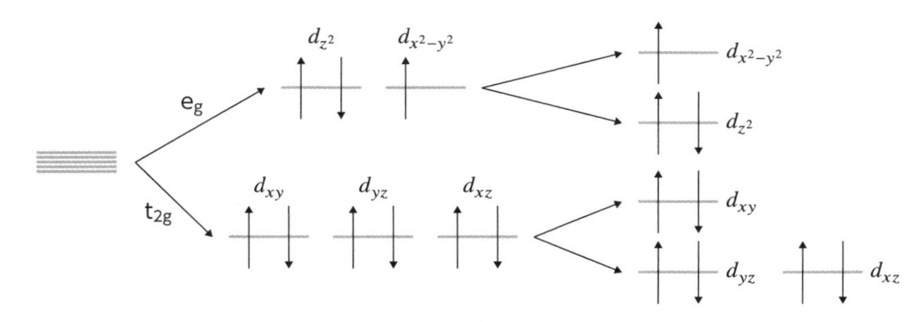

図14-8　z軸方向が伸びた八面体の電子配置

現在、ヤーン・テラー効果が現れることが知られているのは次の3ケースである。

- 6配位八面体で、d軌道に4個の電子が入る高スピン型配置
- 6配位八面体で、d軌道に7個の電子が入る低スピン型配置
- 6配位八面体で、d軌道に9個の電子が入る配置

ヤーン・テラー効果を理解し、錯体の構造におけるゆがみを解説できる。

例題 14-5

本文では d_{z^2} 軌道に2個の電子が入る場合を想定した。もし、$d_{x^2-y^2}$ 軌道に2個の電子が入った場合は、どうなるかを説明せよ。

解答

xy平面上の電子密度が高くなるため x軸方向と y軸方向の配位子が離れ、z軸方向が縮んだ形となる。図14-9のような電子配置となる。

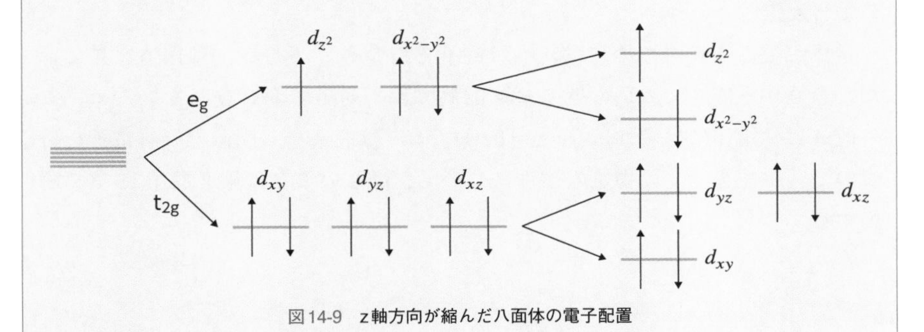

図14-9　z軸方向が縮んだ八面体の電子配置

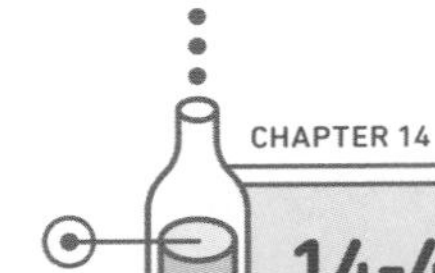

14-4 錯体の色と磁性

金属錯体、特に遷移金属錯体では、第11章でみたように着色しているものが多い。着色では、必ず光の吸収が起こる。エネルギー(今回の場合は、光のエネルギー)を吸収して、電子が励起する現象を電子遷移とよぶ。本章でみてきたように、遷移金属錯体では、配位子の配置に従いd軌道の分裂が起こる。この分裂したd軌道間で電子遷移(10 Dqに相当する波長の光を吸収)が起こり着色する機構が存在する。これを、**d-d遷移**とよぶ。$[Ti(H_2O)_6]^{3+}$ はd-d遷移により490 nmの吸収を持つ。ただし、d-d遷移はモル吸光係数※2が小さいと言われている。配位子にπ共役系が存在するときは、その吸収も現れる。

他の機構として**電荷移動吸収**が知られている。これは、中心金属から配位子へ、もしくは、配位子から中心金属へ電子が遷移するものである。前者の例として、$[Fe(phen)_3]^{2+}$(濃い赤色)や $[Ru(bpy)_3]^{2+}$(赤橙色)などがある。後者の例としては、VO_4^{3-}(黄色)や CrO_4^{2-}(橙黄色)などがある。

錯体の**磁性**も重要な物性である。磁性とは物質の持つ磁気的性質のことである。外部から何も作用しなくても磁性を持っている場合を**強磁性**、外部から磁場をかけたとき物質の磁化の方向が外部磁場の方向と平行な場合を**常磁性**、逆向きの場合**反磁性**という。

錯体が磁性を持つためには、不対電子を持つ必要がある。図14-6を見ていただきたい。$[Fe(CN)_6]^{4-}$ の低スピン配置では不対電子が存在しないため、この低スピン錯体には磁性はない。$[Fe(H_2O)_6]^{2+}$ は高スピン配置で不対電子を持つので、磁性を示す。物質の磁性について、詳しいことは第Ⅱ巻第13章で解説する。

※2　モル吸光係数とは、1モルの物質の示す吸光度と考えればよい。

 例題 14-6

磁性を持つ錯体の例を調べ、どのような応用が試みられているかも調べよ。

解答

例として、$[Mn_{12}O_{12}(MeCO_2)_{16}(H_2O)_4]\cdot 2MeCO_2H$ がある。
この錯体は磁性を持ち、メモリなどのデバイスへの応用が試みられている。

参考　大塩寛紀「金属多角錯体の固体物性化学に関する先駆的研究」
Bull. Jpn. Soc. Coord. Chem. 2017, *69*, 2-11

　光の吸収や磁性において、d軌道の分裂が非常に大きな役割を果たすことを理解してもらえたと思う。しかし、本章で紹介した結晶場理論だけでは説明が難しい現象も多々ある。これらの解決のために**配位子場理論**などが提唱されている。配位子場理論では群論という分野の学習が必要となり、本書の範囲を超えるため解説を行わない。また、最近のコンピュータの発展により、理論計算が簡単にノートパソコンでも行えるようになってきた。錯体の物性を、より正確に説明したり予想したりするには、量子化学計算が必須となる。本章は、量子化学計算を行う前に知っておくべき基礎を解説した。この先、必要に応じてより進んだ勉強をしていただきたい。

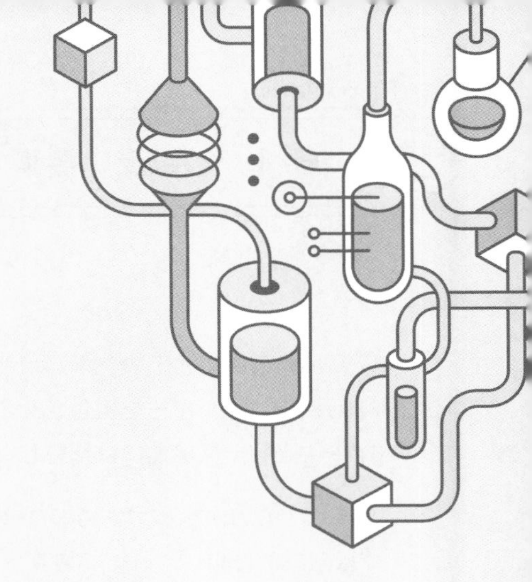

有機金属化合物

本章で学ぶ内容

1. 触媒の反応機構
2. 有機金属化合物の基礎
3. 有機金属化合物を用いた合成反応

錯体の応用の一つに、化学合成における触媒としての応用がある。錯体の中でも、有機金属化合物が、触媒として使われる例が多い。有機金属化学は、合成化学における重要な分野が確立されていることからも、有機金属化合物の触媒としての重要性が分かる。本章では、有機金属化合物とは、どの様な特性を持っているのかを学び、さらに、有機金属化合物を利用した代表的な反応についてみていく。

15-1　触媒反応機構

第9章で触媒とはどのようなものかを解説した。もう一度触媒の定義をまとめると、

1) 反応の前後で、その化学形は変化しない(反応中は変化してもいい)
2) 活性化エネルギーを変化させる
3) 平衡定数や反応熱には影響しない

を満たすものが触媒である。(1)の定義を具体的な反応で見てみよう。第11章では工業的に用いられている反応について解説をした。その中で、硫酸製造で用いられている接触法を紹介している。接触法は、次のような工程で構成されている。V_2O_5を触媒として、

$$2SO_2 + O_2 \rightarrow 2SO_3$$

により二酸化硫黄を三酸化硫黄とする。生成した三酸化硫黄を濃硫酸に吸収させ、希硫酸で希釈する。

$$SO_3 + H_2O \rightarrow H_2SO_4$$

により三酸化硫黄が硫酸に変換される。三酸化硫黄を濃硫酸に吸収させたものを発煙硫酸とよぶ。最初の段階である二酸化硫黄(SO_2)から三酸化硫黄(SO_3)への変換反応を五酸化バナジウム触媒により次のように進むと考えられている。

$$V_2O_5\ (V) + SO_2 \rightarrow V_2O_4(IV) + SO_3$$
$$V_2O_4\ (IV) + 2SO_2 + O_2 \rightarrow 2VOSO_4(IV)$$
$$2VOSO_4\ (IV) \rightarrow V_2O_5\ (V) + SO_3 + SO_2$$

反応の途中では、V_2O_4や$VOSO_4$という化学形になるが、最後にはV_2O_5に戻っている。触媒の定義(1)に合致しているわけである。化学式の後のカッコ内のローマ数字は、Vの酸化数を示している。反応中は、Vの酸化数も変化していることが分かる。

次に、他の例として、炭素-炭素二重結合への水素付加について考えたい。この反応にはPd/C(PdをC表面に付着させた触媒の場合PdをCに担持したと

いう。Cを担持体という。)がよく用いられる。図15-1を見ていただきたい。まず、触媒表面で水素が活性化され、そこにアルケン(二重結合を持つ炭化水素)やアルキン(三重結合を持つ炭化水素)がやってくると、二重結合や三重結合に水素付加が起こりアルカン(不飽和結合を持たない炭化水素)に変換される。この例でも、最初と最後の触媒の状態に変化はない。

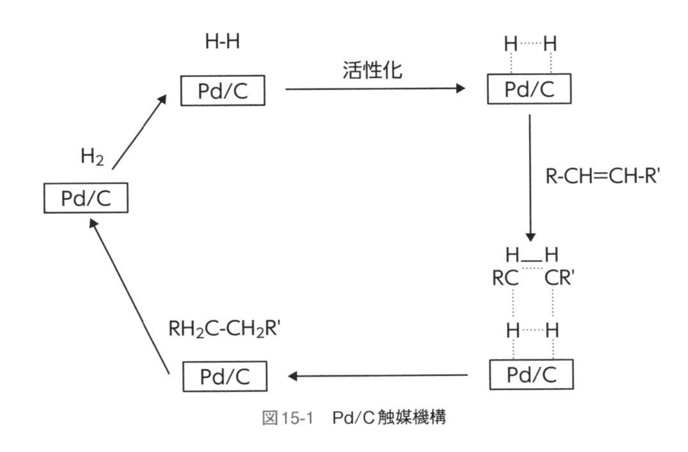

図15-1　Pd/C触媒機構

Pd/Cでは、三重結合は一気に単結合になるが、Pdの触媒能を酢酸鉛で弱めた(被毒したという)場合、二重結合になった時点で反応は止まる。この様に、Pdを被毒した触媒をリンドラー触媒[※1]という。

触媒反応機構は、非常に解明が難しいことも事実である。例えば、アンモニア製造で用いられるハーバー・ボッシュ法は、鉄を主成分とした触媒上で、400～600 ℃、200～1000 atmという条件で、窒素と水素からアンモニアを製造する方法である。

$$N_2 + 3H_2 \rightarrow 2NH_3$$

という反応が進む。鉄の上で、どの様な反応が進んでいるのかを見ると、

$$N_2 \rightarrow N \rightarrow NH \rightarrow NH_2 \rightarrow NH_3$$

※1　本来、炭酸カルシウムにPdを担持し、酢酸鉛で被毒したものをリンドラー触媒とよんだが、被毒性にある炭酸バリウムにPd、Pt、Niなどを担持したものもリンドラー触媒とよばれるようになっている。

とNが変化する複雑な反応が起こっていることが分かった。最初の、窒素の開裂が律速段階(一番、速度の遅い段階)であることも分かっている。この反応の詳細を研究した表面化学の分野は、2007年にノーベル賞を受賞している。詳しくは、https://www.nobelprize.org/uploads/2018/06/ertl_lecture.pdf

このように、触媒反応では、どのように触媒が原料を活性化しているのか、あるいは、触媒のどの部位で活性化が起こるのかなど、まだ、不明な点も多く、盛んに研究が進められている。

例題15-1

触媒には、均一触媒と不均一触媒がある。均一触媒の例としては、反応溶液に硫酸などの酸を加えて、反応を進める例がある。これを酸触媒という。不均一触媒の例は、家の外壁などに酸化チタンを含む塗料を塗布しておくと、光を受けて汚れを落とす作用がある。これは、酸化チタンが光触媒として作用し、汚れを分解するためである。

均一触媒と不均一触媒の違いについて説明せよ。

解答

溶媒に溶解した状態で用いられる触媒が均一触媒で、溶媒に溶解せず、分散した状態で用いられるのが不均一触媒である。不均一触媒は回収しやすく、強度的にも優れているが、担持させる担体に影響を受けやすい。

CHAPTER 15

15-2　有機金属化合物

これまでみてきた中心金属に非共有電子対を持つ配位子が配位してできた錯体をウェルナー錯体とよぶ。これは、スイスの化学者A.ウェルナーの配位理論により形成されることに由来している。錯体は、このようなタイプのものだけではなく、中心金属と配位子の結合にp軌道やd軌道のσ電子やπ電子が関与する結合をもつ(図15-2)。この様な錯体を非ウェルナー錯体とよび、有機金属化合物(有機金属錯体とよぶ場合もある)も、これにあたる。

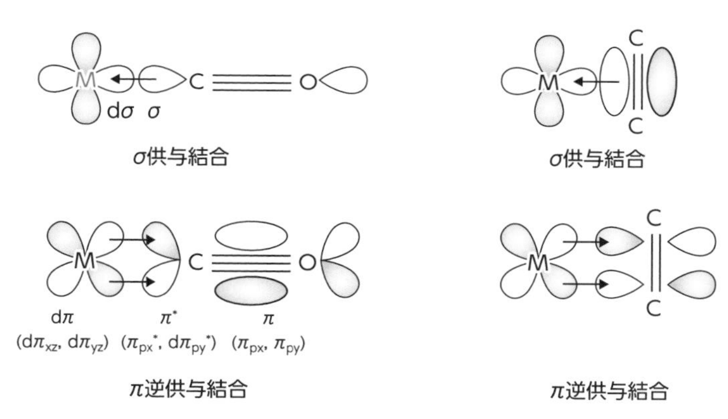

図15-2　非ウェルナー錯体の模式図

有機金属化合物は有機合成における触媒としてよく用いられる。有機金属化合物の結合の説明の中に18電子則というものがある。まず、この規則についてみていく。

18電子則は有機金属化合物に限らず、金属錯体の結合で、中心金属と配位子から結合のために提供される電子数の合計が、希ガスと同じ配置になるときに安定になるという規則である。中心金属が遷移元素の場合、価電子について考えると、最外殻のd、s、p軌道がすべて満たされ希ガス型配置になると、価電子数が18個となることから18電子則とよばれている。この他に、有効原子番号則という規則もある。有効原子番号則では、全電子を考える。例えば、$Fe(CO)_5$についてみると、Feの電子数は26、CO1個から提供される電子数は2なので、$2 \times 5=10$となる。合計は36となりKrと同じ数となる。

この36が錯体の有効原子番号で、有効原子番号と同じ原子番号の元素と類似の物性(安定性など)を持つというのが有効原子番号則である。$Fe(CO)_5$については、原子番号36のKrと同様に安定であることを示している。18電子則は価電子、有効原子番号則は全電子に関して考えている。両者は、同じ規則を異なる形で表現しているとみていい。

例題15-2

1. 次の錯体の**有効原子番号則**を求めよ。
   (1) $[Fe(CN)_6]^{4-}$、(2) $[Co(NH_3)_6]^{3+}$
2. $Co(CO)_4$の化学形について、有効原子番号の観点から考察せよ。

解答

1. 1) Feは26の電子を持つが、2価のイオンになっているので、26－2=24となる。ここに、シアンイオンから2×6=12個の電子が提供されるので、有効原子番号は36となる。
   2) Coは27の電子を持つが、3価のイオンになっているので、27－3=24となる。ここアンモニアから2×6=12個の電子が提供されるので、有効原子番号は36となる。
2. $Co(CO)_4$の有効原子番号は27+2×4=35でBrと同じとなる。この錯体はBrとよく似た性質を持ち$[Co(CO)_4]^-$が安定系となる。また、Br_2が安定系なので、同様に2分子会合した$Co_2(CO)_8$を形成する。

続いて、有機金属化合物が用いられるいくつかの反応を通して、有機金属化合物の特性を学びたい。

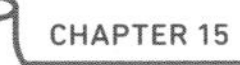

15-3　Grignard反応

炭素-炭素結合を作ることは有機化学では重要な反応であり、Grignard反応は、有機金属化合物を用いることで可能となることを示したものである。この反応は、ハロゲン化物に金属マグネシウムを作用させて得られるGrignard試薬を用いて、以下のように進む。

$$\mathrm{R\text{-}X + Mg \rightarrow R\text{-}MgX}$$

$$\mathrm{R'R''C{=}O + R\text{-}MgX \rightarrow RR'R''C\text{-}O\text{-}MgX}$$

$$\mathrm{RR'R''C\text{-}O\text{-}MgX + HCl \rightarrow RR'R''C\text{-}OH + MgXCl}$$

この反応の発見により、小さな分子から大きな、より複雑な分子の合成が可能となり、有機金属化学と有機合成化学の発展を促した反応である。この功績により、発見者のV. Grignardに、1912年ノーベル化学賞が授与された。

15-4 Ziegler-Natta触媒

Ziegler-Natta触媒は、オレフィンの重合に用いられる触媒である。1953年にZieglerが$AlEt_3$と$TiCl_4$を組み合わせて、ポリエチレンの重合に成功し、その後、Nattaらが基礎研究を行った。現在では、遷移金属化合物と,第I〜III族の金属の水素化物または有機金属化合物とを組み合わせたものを総称してZiegler-Natta触媒と呼んでいる。有機金属化合物は、しばしば触媒として用いられることがあり、Ziegler-Natta触媒は代表例の一つである。

図15-3に反応機構を示す。まず、$AlEt_3$と$TiCl_4$から活性型の触媒が作られ、エチレンと反応し、エチレンを活性化する。さらに、他のエチレンと反応し、重合を進める機構が提唱されている。このZiegler-Natta触媒の開発により、高分子科学が大きく発展した。しかし、Ziegler-Natta触媒では、活性型に様々な構造があるとされており、生成するポリエチレンには分岐しているものなど、様々な構造が含まれていた。また、活性型触媒の詳細な構造が不明なため、反応機構の詳細な解析が難しく、生成する高分子の物性の向上を図ることが困難であった。より機能の高い触媒の開発を目指し、様々な触媒が開発されている。

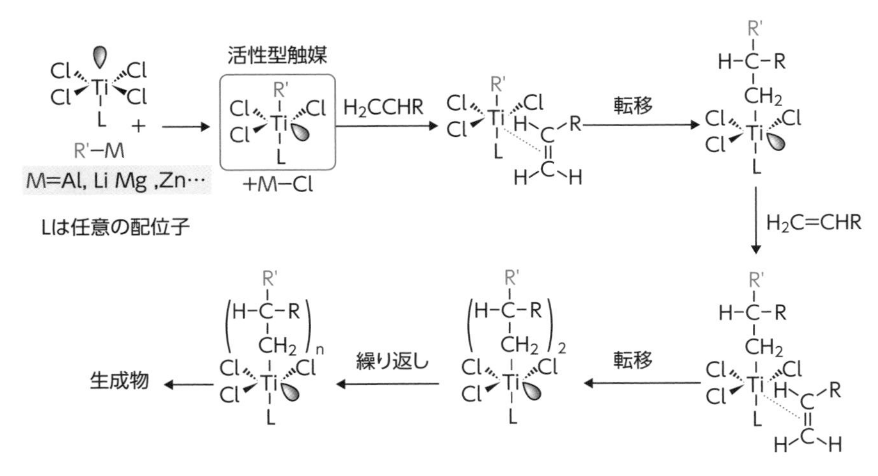

図15-3 Ziegler-Natta触媒反応機構

例題 15-3

Ziegler-Natta触媒以外の、オレフィン重合触媒を調べよ。

解答

例えば図15-4のKaminsky触媒がある。この触媒は、活性型が単一な構造となり、生成する高分子の物性も均一であるという特性を持っている。

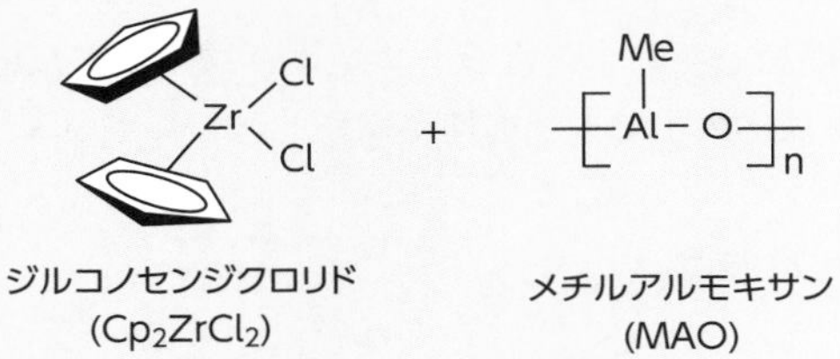
Cl
Zr
Cl
+
Me
Al
O
n
ジルコノセンジクロリド
(Cp_2ZrCl_2)
メチルアルモキサン
(MAO)

図15-4 メタロセン触媒(Kaminsky 触媒)

15-5 クロスカップリング反応

有機金属化学の分野では、日本人化学者の貢献も大きい。その一つがクロスカップリング反応にみられる。構造の異なる2つの分子を選択的に結合される反応で、比較的大きな分子同士の結合の場合、クロスカップリング反応という。天然物の合成において重要な反応である。クロスカップリング反応の開発に貢献したR. F. Heck、根岸栄一、鈴木章の3氏に2010年ノーベル化学賞が授与された(図15-5)。鈴木章の開発した鈴木・宮浦クロスカップリング反応は、多数あるクロスカップリング反応の中でも反応性が高いと言われている。

ヘック反応(溝呂木・ヘック反応ともいう)

R−X + R' (alkene) —[Pd^0 / 塩基 / -HX]→ R' (alkene) R

根岸カップリング

R-Zn-X + R'-Y ⟶ R-R' (Y;ハロゲン)
触媒;Pd,Ni触媒

鈴木・宮浦カップリング

Br, R^1 (benzene) + HO–B(OH) (benzene, R^2) —[Pd触媒 / 塩基]→ R^1 (biphenyl) R^2

図15-5 クロスカップリング反応

15-6　不斉合成

第12章で紹介したように、物質によっては光学異性体を持つものがある。光学異性体を鏡像異性体やエナンチオマーとよぶこともある。1組のエナンチオマーは、図15-6に示すような直線偏光の回転方向(回転させる性質を旋光性という。エナンチオマーの一方は時計回りに、もう一方は反時計回りになる)以外の物性は同じである。このエナンチオマーの一方を合成することを不斉合成という。

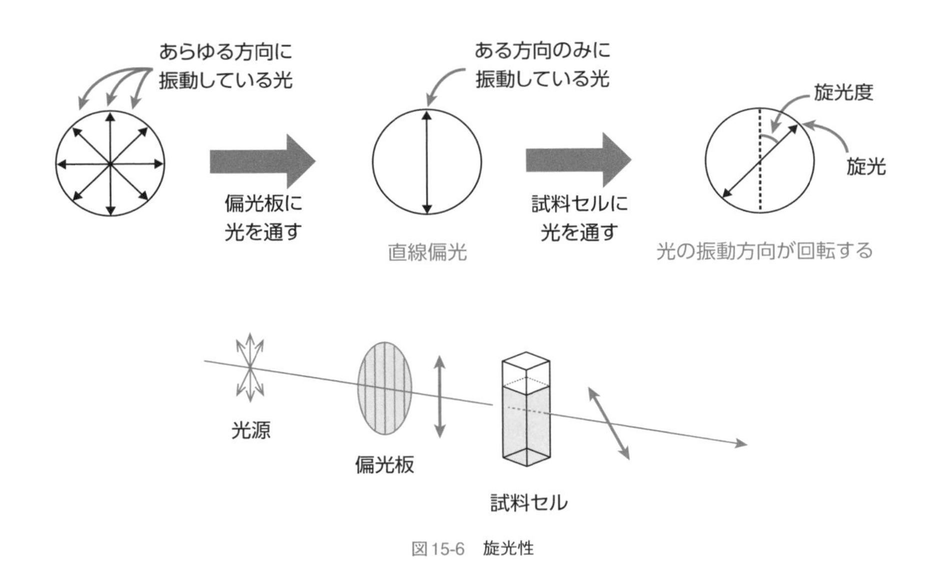

図15-6　旋光性

また、光学異性体が存在する場合、光学活性を持つといい、このような分子を光学活性を持つ分子あるいはキラルな分子とよぶ。光学活性を持たない場合アキラルな分子とよばれる。両方のエナンチオマーが混ざったものをラセミ体という。

様々な分野で、エナンチオマーの一方を合成する重要性が高まっている。例えば、医薬品などの分野では、一方のエナンチオマーにだけ医薬品としての効果がある場合が多く、様々な不斉合成法が開発されている。

有機金属化合物は、不斉合成における重要な触媒となっている。図15-7に示すアルケンの水素化反応の触媒として用いられるWilkinson触媒ではリンを含む配位子はアキラルであるが、ウィリアム・ノールズは、これをキラルなリンを含む配位子に変えることで不斉合成を可能とした。

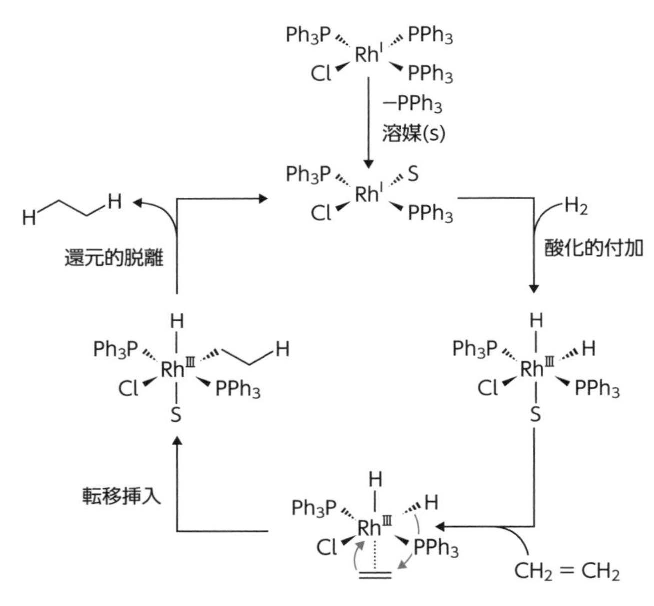

図15-7　Wilkinson触媒の反応機構

H. B. カガンと野依良治らは、図15-8に示すような配位子を合成し、図15-9に示すようなβ-ケトエステルの不斉還元を行った。

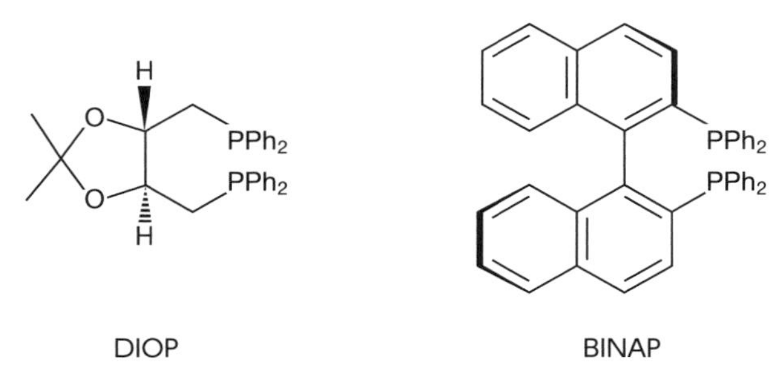

図15-8　不斉配位子触媒

O　O
R　OMe

$H_2(g)$
$RuCl_2[(R)\text{-}BINAP](0.05\ mol\%)$
MeOH

OH　O
R　OMe

図15-9　β-ケトエステルの不斉還元

シャープレスは香月と共同で、図15-10に示すように、酒石酸エステル(DAT)と有機チタン化合物[Ti(OPr-*i*)₄]から調整した錯体を触媒として使うことで、光学活性なエポキシを合成することに成功した。

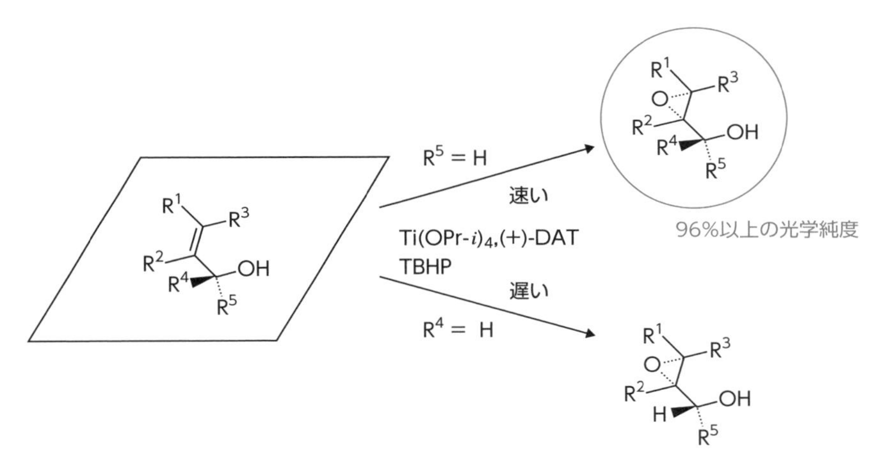

図15-10　光学活性なエポキシの合成

図15-10にある光学純度(最近は、e.e.が用いられる)とは、一方のエナンチオマーRの割合をX_R、もう一歩のエナンチオマーSの割合をX_Sとすると、次のように求められる。

$$e.e. = \frac{X_R - X_S}{X_R + X_S}$$

例えば、X_R=75、X_S=25の場合、$e.e. = \frac{75-25}{75+25} = 50$となる。

以上のような不斉合成法の開発により、ノールズ、野依、シャープレスの3氏は2001年にノーベル化学賞を授与された。

例題 15-4

不斉合成が重要な理由を、過去の薬害などの例から考えよ。

解答

例えば、図15-11にあるサリドマイドが有名である。サリドマイドは、妊娠中でも使うことができる鎮静・催眠薬として販売され、つわりの軽減などのために人気となったが、妊娠初期に服用すると催奇性がみられることが分かった。これは、サリドマイドの一方のエナンチオマーには、薬効があるものの、もう一方には薬効がなく催奇性があったためである。市販のサリドマイドに、催奇性を示すエナンチオマーも入っていたためである。
不斉合成の重要さが分かる有名な事例の一つであるとされている。

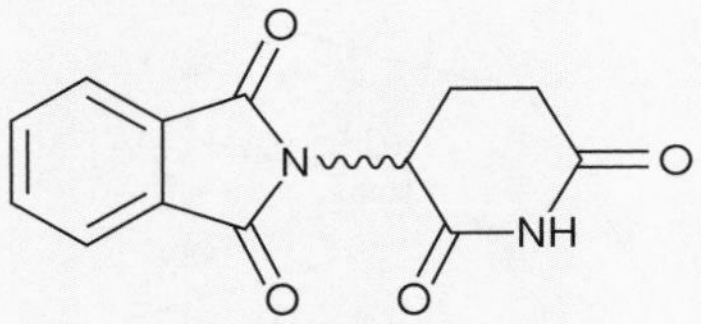

波線の結合の向きの違いで、光学異性体が生じる

図 15-11　サリドマイド

有機金属化合物は、有機合成において欠くことが出来ない物質であり、現在も盛んに研究が行われている。この有機金属化合物を含む錯体は無機化学と有機化学の接点にあり、両分野で重要な役割を果たしており、無機化学が化学の中で重要な分野であることを分かってもらえると思う。また、次章では、無機化学と生命科学の接点に位置する錯体について学ぶ。錯体は分野横断的な題材であり、また、いろいろな分野が、決して単独で成り立っているのではなく、相互に関係していることを示す題材であることもわかっていただけると思う。

生命と錯体

本章で学ぶ内容

1. 生体内の錯体
2. 医薬品としての錯体
3. X線結晶解析の基礎

　生命の維持において、錯体が重要な役割を果たしていることは、よく知られている。本章では、生命の維持における錯体の役割について学んでいく。また、錯体の中には医薬品としての効果を持つものもある。医薬品としての錯体についても学ぶことにする。前章までで見てきた事項や、本章で扱う生命科学や医薬品としての錯体の作用機構についても、まず、錯体の構造を知ることが重要である。本章では、錯体の構造を知る手段の一つであるX線結晶構造解析の基礎についても学ぶ。

CHAPTER 16

16-1 生体内の元素

生物の中(生体内)には、多種の元素が存在する。生体を構成する主な元素と含有率を表16-1に示す。生体を構成する主な物質が、タンパク質、糖、核酸や脂質であるため、C、H、O、Nなどの割合が多くなっている。では、金属元素のついてはどうかというと、Ca、P、S、K、Na、Mg、Clが多く含まれており、これらの元素を主要ミネラルとよんでいる。また、含有量は微量であるが、生命維持に必須の元素を微量ミネラルとしてFe、I、Zn、Cu、Se、Mn、Co、Mo、Crが含まれる。主要ミネラルと微量ミネラルからS、Cl、Coを除いた13種類を、栄養学では必須ミネラルとしている。

表16-1　人体を構成している元素組成

元素	質量(g)	体重に対する重量(%)
酸素	43,000	61
炭素	16,000	23
水素	7,000	10
窒素	1,800	2.6
カルシウム	1,000	1.4
リン	780	1.1
硫黄	140	0.20
カリウム	140	0.20
ナトリウム	100	0.14
塩素	95	0.12
マグネシウム	19	0.027

出典　ICRP Publication 23, Report of the Task Group on Reference Man (1974).p.327

Caは骨を作る主要元素であるばかりでなく、生体内での情報伝達にも必須の元素である。K、Naも生体内の浸透圧の調整や、情報伝達、血圧の維持など、さまざまな働きをしている。PやSは核酸やアミノ酸の構成元素でもある。他のミネラルも、生命維持に重要な役割を持ち、生体内で錯体を形成しているものも多い。

例題 16-1

必須ミネラルは、通常、食事で十分な量を摂取できるとされている。近年は、MgやZnが不足しがちであるとの報告がある。MgやZnを多く含む食品を調べよ。

解答

Mgを多く含む食品:豆腐などの大豆製品、ヒジキ、わかめ、しらす干し 等
Znを多く含む食品:牡蠣、ニシン、卵、チーズ、赤身の肉 等
他にもあるので、各自で調べてみてほしい。

16-2　タンパク質と結合し働く錯体

生体内の主要な錯体とその働きを見ていくことにする。

16-2-1 ヘム鉄

Feは、生体内でのO_2運搬体であるヘモグロビンに必要不可欠な元素である。ヘモグロビンにおいて、O_2が実際に結合するするのはヘムとよばれる物質で、図16-1Aのような鉄にポルフィリンが配位した錯体である。このようにヘム構造を持つFeをヘム鉄とよぶ。

A　ヘムの構造

B

[2Fe-2S]型

[4Fe-4S]型

[3Fe-4S]型

図16-1　Feを含む生体分子

ヘモグロビンには、図16-2Aのように4個のヘムが含まれる。ヘム中のFeに酸素が結合していないときは、図16-2B(a)のようにヘムに歪がかかっている。酸素が結合すると、図16-2B(b)のようにヘムのひずみが解消する。この構造変化によりヘムの色に変化が起こり、動脈血が鮮紅色、静脈血が暗赤色になる。COやCN^-はO_2よりもヘムへの結合が強いため、一酸化炭素中毒やシアン中毒で呼吸困難となる。

この他に、ヘム鉄は、ミトコンドリアに存在し呼吸に関与するシトクロム類や、肝臓で解毒に関与するシトクロムP450類に含まれる。

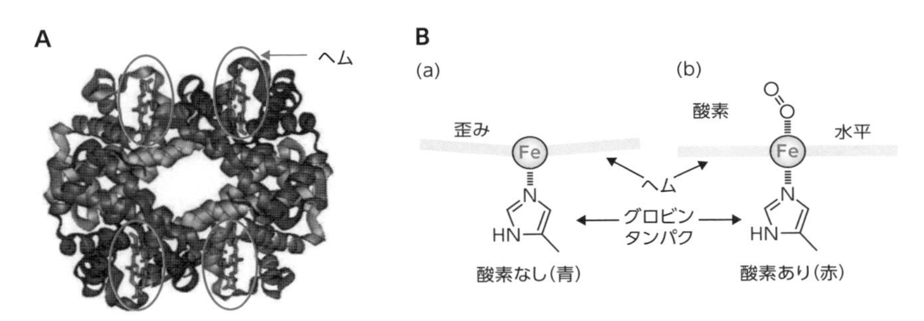

図16-2 ヘモグロビン

16-2-2 非ヘム鉄

植物や光合成細菌にはヘム構造を持たない鉄錯体(図16-1B)が存在する。光合成や窒素固定などで重要な働きをする。鉄と硫黄からなり鉄-硫黄クラスターとよばれる。ヘム構造を持たない鉄を非ヘム鉄とよぶ。

光合成では、フェレドキシンというタンパク質に含まれ、光合成系Ⅰとよばれる経路で、光エネルギーを受けた後の電子伝達で重要な働きをする。光合成系Ⅰはグルコース合成につながる経路である。

光合成には、光合成系Ⅱとよばれる経路もあり、この経路で水の酸化が進みO_2が発生する。この水の酸化では、図16-3Aのマンガンクラスターが重要な働きをする。光合成において、光合成系Ⅰ、Ⅱの両方で光を受ける中心には図16-3Bのマグネシウム錯体であるクロロフィルが存在している。光合成は図16-3Cに示すように、光エネルギーを生体が利用できるエネルギーの形に変換する明反応と、そのエネルギーを使ってCO_2から有機物を作る暗反応から構成されている。明反応は、上述の光合成系Ⅰと光合成系Ⅱから構成されている(図16-3D)。光合成については、第Ⅱ巻第5章電気化学の応用で取り上げる。また、より詳しいことは生化学などのテキストを見ていただきたい。

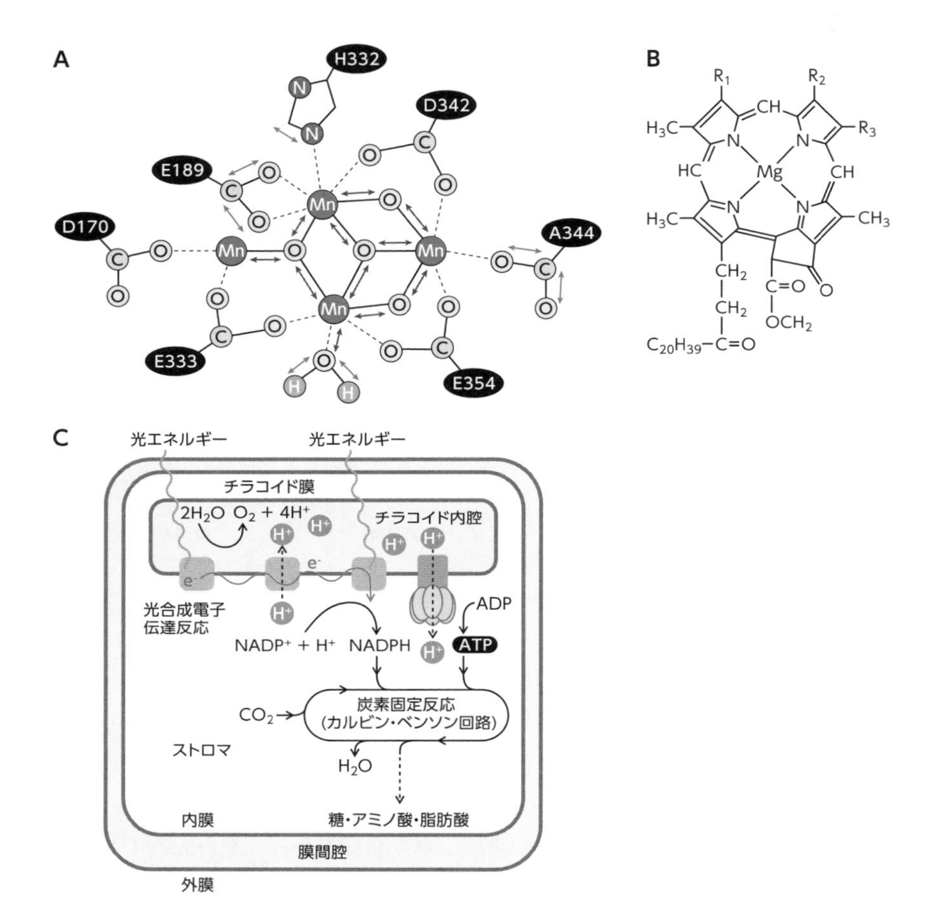
A
H332
N
N
D342
E189
D170
Mn
Mn
Mn
Mn
A344
E333
E354
B
R_1
R_2
H_3C
CH
R_3
HC
Mg
CH
H_3C
CH_3
CH_2
CH_2
C=O
O
OCH_2
$C_{20}H_{39}-C=O$
C
光エネルギー
光エネルギー
チラコイド膜
$2H_2O$ $O_2 + 4H^+$
チラコイド内腔
H^+
e⁻
光合成電子
伝達反応
ADP
$NADP^+ + H^+$ NADPH
ATP
炭素固定反応
(カルビン・ベンソン回路)
CO_2
ストロマ
H_2O
内膜
糖・アミノ酸・脂肪酸
膜間腔
外膜

D 酸化還元電位(mV)

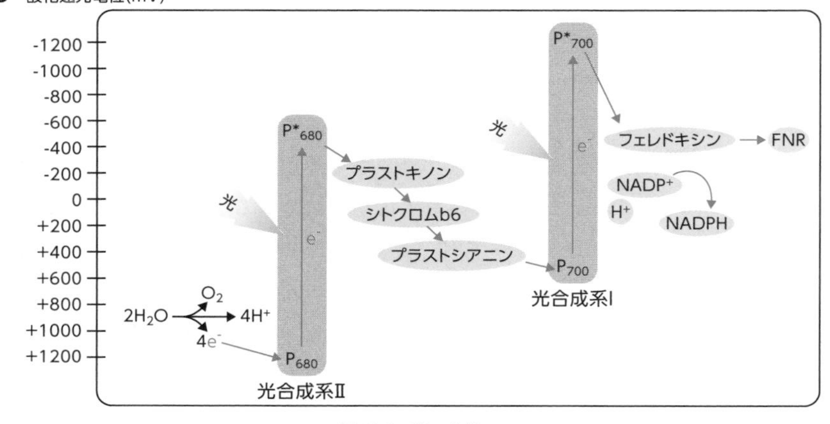
-1200
-1000
-800
-600
-400
-200
0
+200
+400
+600
+800
+1000
+1200
P^*_{700}
光
フェレドキシン
FNR
P^*_{680}
プラストキノン
$NADP^+$
H^+
NADPH
光
シトクロムb6
プラストシアニン
P_{700}
光合成系I
O_2
$2H_2O$
$4H^+$
$4e^-$
P_{680}
光合成系II

図16-3　非ヘム鉄

16-2-3 酵素の働きを助ける他の錯体

図16-4Aに示すシアノコバラミン(ビタミンB_{12})は、生体内では酵素に結合し活性中心となる。このような働きをする物質を補酵素という。ビタミンB_{12}を含む酵素は、タンパク質や核酸の合成、アミノ酸や脂肪酸の代謝に関与している。また、葉酸とともに骨髄で正常な赤血球を作るのに寄与している。

植物内で硝酸イオンの代謝に関係する酵素にはMoが含まれる、図16-4Bに示すような構造をしており、モリブデンコファクターとよばれている。

A ビタミンB_{12}　　**B** モリブデンコファクター

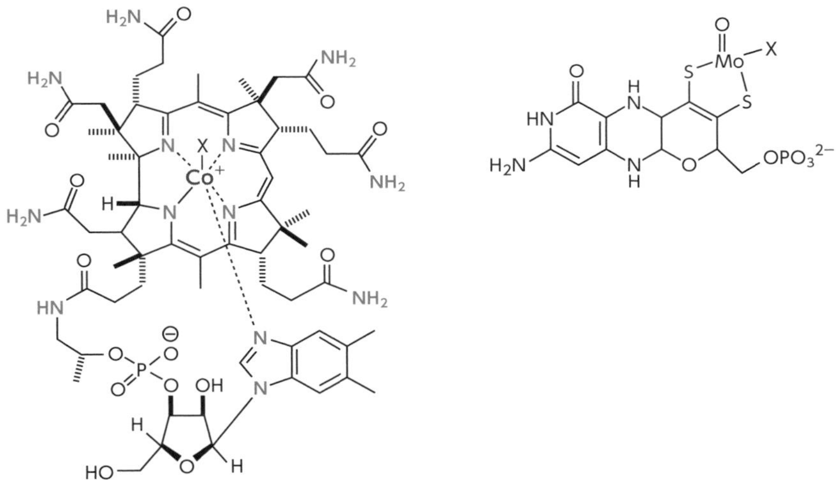

図16-4　補酵素

16-3　金属タンパク質

金属タンパク質では、金属元素にタンパク質が直接配位した形となっている。このようなタンパク質も多数存在する。

例えば、DNAに結合するタンパク質に含まれる「ジンクフィンガー」とよばれる構造がある。ジンクフィンガーには、Znが含まれ図16-5のような構造を持っている。ジンクフィンガーを持つタンパク質はDNAの転写調節などの役割を担っている。

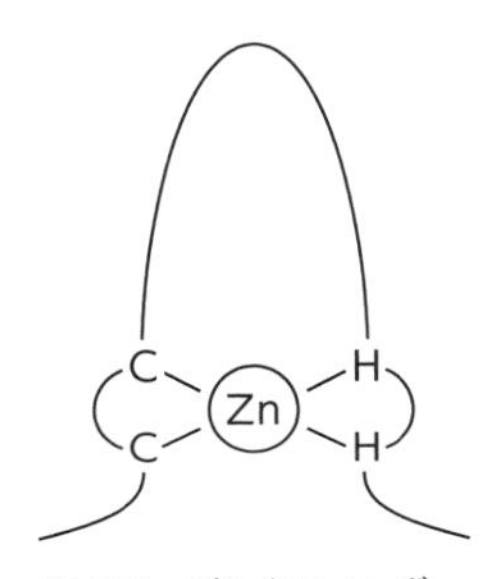

図16-5　ジンクフィンガー

活性酸素の除去に関わるスパーオキシドディスムターゼ(SOD)も金属を活性中心に持つ酵素である。SODは様々なタイプがあり、Cu^{2+}とZn^{2+}を持つCu・ZnSOD、Mn^{3+}を持つMnSOD、Fe^{3+}を持つFeSODやNi^{2+}を持つNiSODなどがある。

また、生体に害を及ぼす物質である活性酸素の除去に関わる物質にグルタチオンがある。活性酸素の除去では、グルタチオンは酸化され酸化体(GS-SG)となる。生体は、活性酸素を効率よく除去するために、グルタチオンを酸化体から還元体(GSH)に戻す必要がある。この働きをするのがグルタチオン還元酵素であり、Seを含んでいる。グルタチオンの還元はSe上で行われる。Seは非常に毒性に高い元素であるが、生体内では、このように重要な働きを担っている。

図16-6　グルタチオンの働き

このような例は他にもあり、毒性を持つPbが不足すると成長障害をもたらすことが知られている。この様に、金属イオンや金属元素、特に重金属というと毒性があり、健康に害を及ぼすと考えがちであるが、実際は、微量であるが必要とされるケースが多々ある。

例題16-2

金属元素の過不足で、生体にどの様な影響があるかを調べよ。

解答

例を表16-2に挙げる。

表16-2 生体における金属元素の過不足の影響

元素	不足	過剰
Ca	骨粗鬆症	高カルシウム血症
P	骨軟化症	腎機能低下
Mg	不整脈	低血圧
Fe	貧血	肝障害
Zn	免疫機能低下、味覚障害	消化管障害
Pb	成長阻害	造血器障害、神経障害
Mn	糖代謝異常	脳障害
Cu	鉄不応性貧血	腎機能障害、肝障害
Sn	成長阻害	肝障害
Se	狭心症、心筋梗塞	皮膚炎、呼吸阻害
I	甲状腺機能低下	甲状腺機能亢進症
Cr	耐糖機能低下	鼻中隔穿孔
V	成長阻害、生殖機能低下	粘膜刺激

全てを挙げることはできないので、現在分かっている影響のごく一部を紹介している。他の影響の報告も多々あるので、是非、自分で調べていただきたい。例えば、昔から毒性が高い元素として知られているAsは、過剰に摂取すると、胃腸障害や中枢神経障害を起こすが、三酸化二ヒ素(As_2O_3)は急性前骨髄球性白血病(急性骨髄性白血病の一種)の治療薬として使われる。

この他にも、いろいろな影響が現れるので、各自で調べてみよう。

16-4 医薬品としての金属元素・錯体

16-3の最後でみたように、無機化合物も医薬品として使われるケースがある。表16-3に、医薬品として日本薬局方に収載されている無機医薬品のごく一部を例示する。

表16-2 無機医薬品

医薬品名	化学式	用途
亜酸化窒素	N_2O	全身麻酔薬（吸入麻酔薬）
亜硝酸アミル	$C_5H_{11}ONO$	狭心症治療薬
ケイ酸マグネシウム	$2MgO \cdot 3SiO_2 \cdot xH_2O$	制酸薬
臭化カリウム	KBr	鎮静剤、抗てんかん薬
臭化ナトリウム	NaBr	鎮静剤、抗てんかん薬
炭酸リチウム	Li_2CO_3	抗うつ薬

これを見ても分かるように、実験などで、普通に使っている試薬にも医薬品としての作用がある。まだ、医薬品としての作用が確認されていないものでも、実は、非常に優れた医薬品となる可能性もあることを忘れないでいただきたい。

錯体にも、優れた医薬品があり、その幾つかの例を紹介する。

16-4-1 シスプラチン

シスプラチンは抗がん剤として有名な白金錯体である(図16-7A)。強い腎毒性(腎臓に対する毒性)を持つため、多量の水分を与え利尿剤を併用することで腎毒性を軽減し使用できるようになった。シスプラチンはDNAと結合して、DNAの複製を阻害することで抗がん作用を示すとされている。シスプラチンに代わる、腎毒性の少ない白金錯体の開発も進んでおり、図16-7Bのカルボプラチンなどがある。

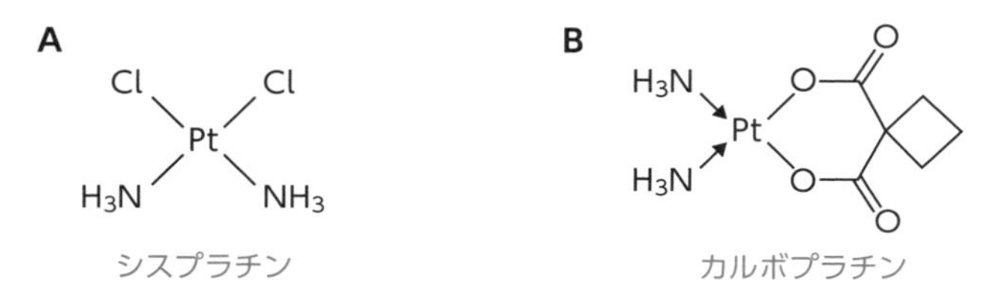

図16-7 白金錯体

16-4-2 ブレオマイシン

ブレオマイシンは放線菌と呼ばれる菌が生産する抗生物質で、制ガン作用を示し、がん治療薬として用いられる。構造を図16-8に示す。ブレオマイシンは、図16-8Bのように鉄錯体となって効果を発揮することが知られている。図16-8Aに示してあるDNA結合部でDNAに結合し、キレート部の鉄錯体(図16-8B)で活性酸素が発生し、DNAを切断することで、制ガン機能を示すとされている。

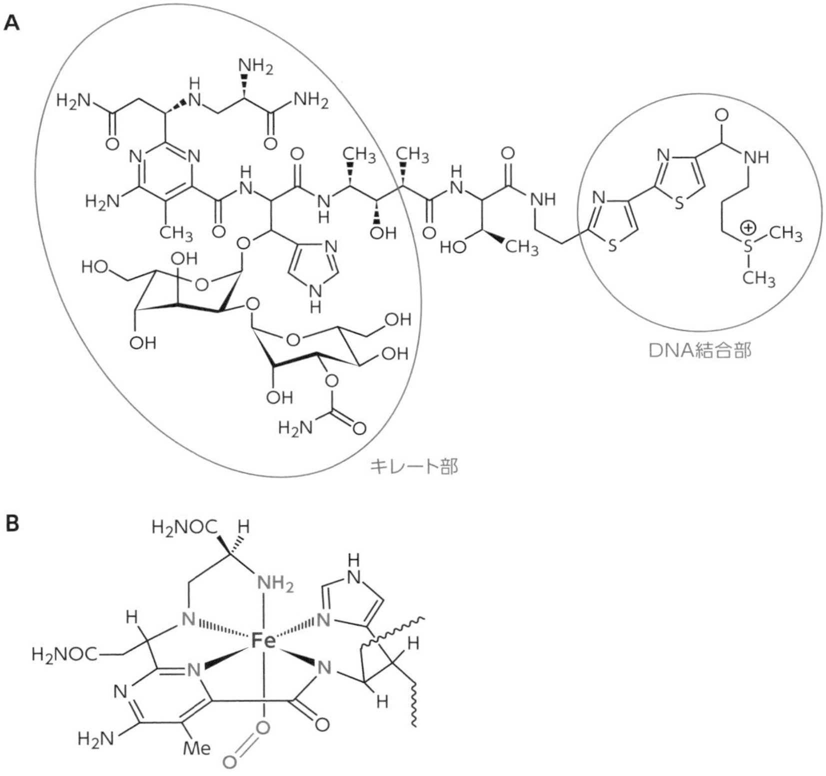

図16-8　ブレオマイシン

有機金属化合物が医薬品として用いられる例としては、図16-9のオーラノフィンがある。この物質は、抗リウマチ薬として用いられている。詳細な作用機構は不明な点がまだあるとされている。

図16-9　オーラノフィン

ホルモン用作用を持つ錯体

インスリンは、膵臓から分泌されるペプチドホルモン（図A）であり、細胞への糖の取り込みを促し、血糖値を下げる作用を持つ。インスリンを分泌する細胞が死滅し、インスリンが不足するのが「1型糖尿病」であり、高血糖などにより、相対的にインスリンが不足するのが「2型糖尿病」である。糖尿病患者の90%が「2型糖尿病」である。糖尿病の治療において、インスリン注射により、インスリンを補うことが行われる。このような大きな分子と同じような作用を持つ錯体が報告されている。1つの例を図Bに示す。この他の構造を持つ亜鉛錯体や、バナジウム錯体も同様の作用を持つことが報告されている（興味のある方は、下の文献を見て頂きたい）。

錯体には、このように、まだ、知られていない作用が存在することが十分予想され、今後の、研究成果が楽しみな分野である。

1）吉川　豊　YAKUGAKU ZASSHI 132(9), 1051-1055 (2012)
2）桜井　弘　YAKUGAKU ZASSHI 128(3), 317-322 (2008)

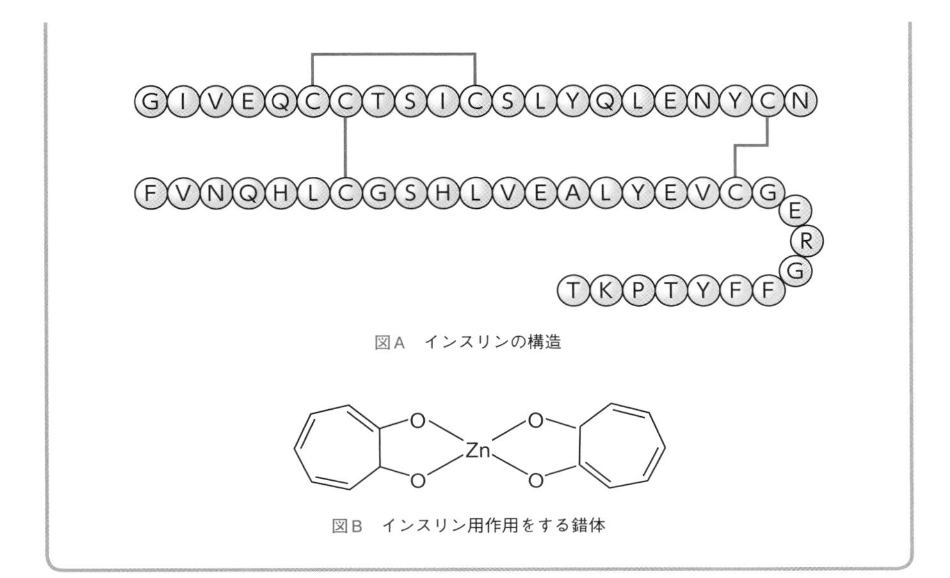

図A インスリンの構造

図B インスリン用作用をする錯体

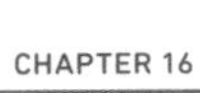

CHAPTER 16

16-5 単結晶X線解析の基礎

第14章で説明したように、ある規則に従い原子や分子が配列したものを結晶とよぶ。錯体の場合は、錯体分子が配列する分子性結晶として扱われる。1つの結晶内のどの部分をとっても、分子(あるいは原子)の配列方向が同じものを単結晶とよぶ。また、1個の結晶のように見えるが、微小な単結晶が多数集まったもの(個々の単結晶の方向はランダムである)を多結晶という(図16-10)。

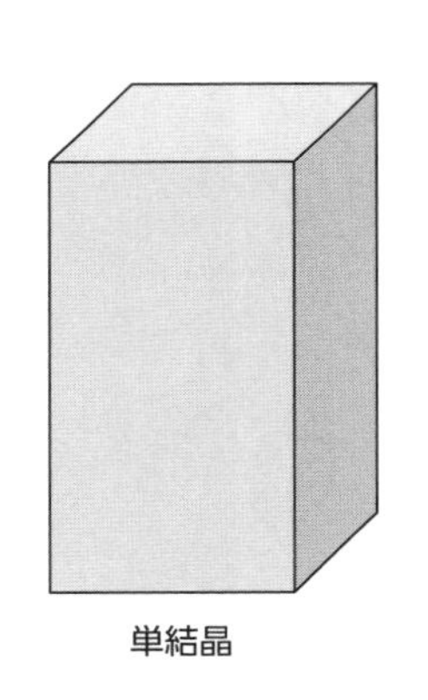

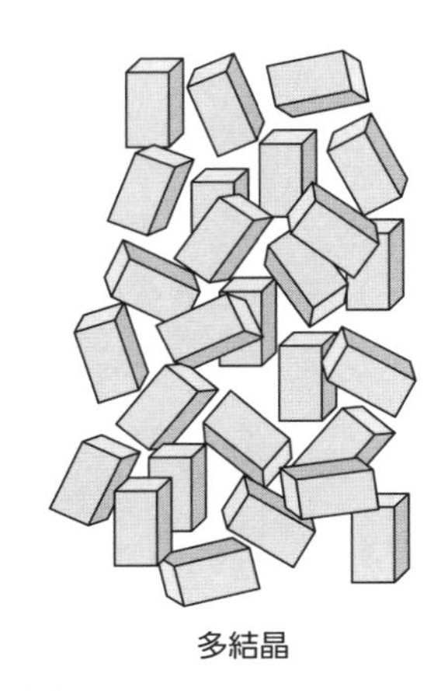

図16-10　単結晶と多結晶

また、結晶には型(結晶系とよぶ)があり、どの結晶系をとるかを知ることも、構造解析では重要である。

正確な構造を知るためには、単結晶を用いた単結晶X線解析を行う必要がある。この方法の原理などの詳細と結晶系については、第Ⅱ巻で説明する。錯体構造の解析でも重要な役割を果たす方法なので、概要を簡単に紹介したい。詳細は、第Ⅱ巻をご覧いただきたい。

16-5-1 X線

X線は、波長の短い電磁波である。通常使われるX線は図16-11のようなスペクトルを持つ。なだらかな山(連続X線、もしくは、制動X線)に鋭いピーク(特性X線)が重なっている。強度の強い特性X線が、単結晶X線解析に使われる。

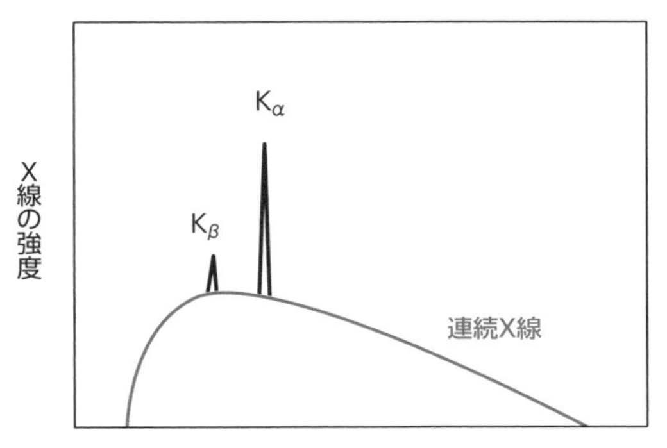

図16-11　X線のスペクトル

X線結晶解析の基本は、図16-12に示すブラッグ反射である。単結晶内での分子の並んでいる面の間隔をdとする。第1面で反射されるX線と第2面で反射されるX線がスクリーンに到達するまでの光路差は$2d\sin\theta$となる。この差が、X線の波長(λ)のn倍(n=1,2,3…)なら、スクリーン上でX線は強め合い明るい点として観測される。

$$2d\sin\theta = n\lambda \quad (n=1,2,3\cdots)$$

の関係をブラッグの条件という。

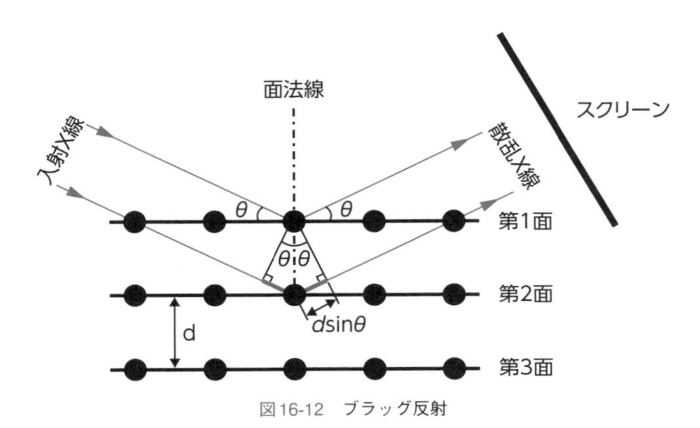

図16-12　ブラッグ反射

16-5-2 構造解析

単結晶に入射したX線は、結晶内の分子(あるいは原子)の配列に従い様々な方向に反射される(この理由は第Ⅱ巻で詳しく解説する)。どのような角度で強い反射されたX線が観測されるかを観測した結果から、詳細な構造を計算して導き出す。

正確な構造を導くためには、質の良い(欠陥のない)単結晶が必要となる。現在は、装置の性能が向上し、解析ソフトやコンピュータの性能も向上したので、質の良い単結晶が得られれば、構造解析は難しい作業ではなくなっている。

例題16-3

NaClは図16-13のような結晶構造をとる。Na-Cl原子核間の距離に相当するX線の反射が θ =15.74° で観測されたとする(n=1に相当)。X線の波長を1.54Å(0.154nm)として、Na-Clの原子核間距離を求めよ。

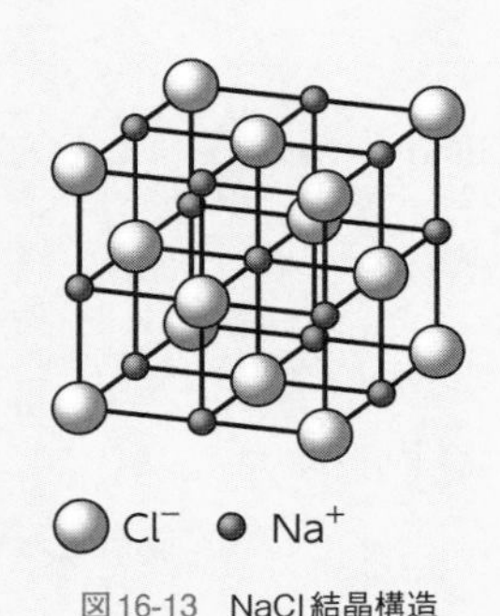

図16-13 NaCl結晶構造

解答

ブラッグの条件($2d\sin\theta = n\lambda$)に λ=1.54、n=1、θ =15.74を代入すると、d=2.8399となり、Na-Clの原子核間距離は2.84Åとなる。

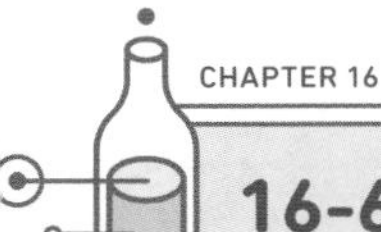

16-6　参考文献

第12章～第16章は共通の参考文献を参照している

増田秀樹、長嶋雲平「ベーシックマスター無機化学」オーム社（2010）

田中勝久他「演習無機化学－基礎から大学院入試まで－第2版」東京化学同人（2017）

川瀬雅也、山川純次「大学で学ぶ化学」化学同人（2012）

西岡孝則、中沢浩「無機化学演習－大学院入試問題を中心に」東京化学同人（2012）

長谷川靖哉、伊藤肇「錯体化学　基礎から応用まで」講談社（2014）

山﨑一雄他「錯体化学」裳華房（1993）

付録 元素周期表

	1	2	3	4	5	6	7	8	9	10	11	12	13	14	15	16	17	18
1	1 H 水素																	2 He ヘリウム
2	3 Li リチウム	4 Be ベリリウム											5 B ホウ素	6 C 炭素	7 N 窒素	8 O 酸素	9 F フッ素	10 Ne ネオン
3	11 Na ナトリウム	12 Mg マグネシウム											13 Al アルミニウム	14 Si ケイ素	15 P リン	16 S 硫黄	17 Cl 塩素	18 Ar アルゴン
4	19 K カリウム	20 Ca カルシウム	21 Sc スカンジウム	22 Ti チタン	23 V バナジウム	24 Cr クロム	25 Mn マンガン	26 Fe 鉄	27 Co コバルト	28 Ni ニッケル	29 Cu 銅	30 Zn 亜鉛	31 Ga ガリウム	32 Ge ゲルマニウム	33 As ヒ素	34 Se セレン	35 Br 臭素	36 Kr クリプトン
5	37 Rb ルビジウム	38 Sr ストロンチウム	39 Y イットリウム	40 Zr ジルコニウム	41 Nb ニオブ	42 Mo モリブデン	43 Tc テクネチウム	44 Ru ルテニウム	45 Rh ロジウム	46 Pd パラジウム	47 Ag 銀	48 Cd カドミウム	49 In インジウム	50 Sn スズ	51 Sb アンチモン	52 Te テルル	53 I ヨウ素	54 Xe キセノン
6	55 Cs セシウム	56 Ba バリウム	57~71 ランタノイド	72 Hf ハフニウム	73 Ta タンタル	74 W タングステン	75 Re レニウム	76 Os オスミウム	77 Ir イリジウム	78 Pt 白金	79 Au 金	80 Hg 水銀	81 Tl タリウム	82 Pb 鉛	83 Bi ビスマス	84 Po ポロニウム	85 At アスタチン	86 Rn ラドン
7	87 Fr フランシウム	88 Ra ラジウム	89~103 アクチノイド	104 Rf ラザホージウム	105 Db ドブニウム	106 Sg シーボギウム	107 Bh ボーリウム	108 Hs ハッシウム	109 Mt マイトネリウム	110 DS ダームスタチウム	111 Rg レントゲニウム	112 Cn コペルニシウム	113 Nh ニホニウム	114 Fl フレロビウム	115 Mc モスコビウム	116 Lv リバモリウム	117 Ts テネシン	118 Og オガネソン
			57~71 ランタノイド	57 La ランタン	58 Ce セリウム	59 Pr プラセオジム	60 Nd ネオジム	61 Pm プロメチウム	62 Sm サマリウム	63 Eu ユウロピウム	64 Gd ガドリニウム	65 Tb テルビウム	66 Dy ジスプロシウム	67 Ho ホルミウム	68 Er エルビウム	69 Tm ツリウム	70 Yb イッテルビウム	71 Lu ルテチウム
			89~103 アクチノイド	89 Ac アクチニウム	90 Th トリウム	91 Pa プロトアクチニウム	92 U ウラン	93 Np ネプツニウム	94 Pu プルトニウム	95 Am アメリシウム	96 Cm キュリウム	97 Bk バークリウム	98 Cf カリホルニウム	99 Es アインスタイニウム	100 Fm フェルミウム	101 Md メンデレビウム	102 No ノーベリウム	103 Lr ローレンシウム

記号・英数字

あ

い

う

え

お

か

き

く

け

こ

さ

し

す

せ

そ

た

ち

て

と

な

に

ね

は

ひ

ふ

へ

ほ

ま

●著者紹介

山崎友紀（やまさき ゆき）

法政大学経済学部経済学科教授。工学博士。専門は水熱化学、環境科学、理科教育。

川瀬雅也（かわせ まさや）

長浜バイオ大学バイオサイエンス学部教授。工学博士。専門は物性論、ケモインフォマティックス。

装丁●辻聡

本文デザイン／DTP●株式会社トップスタジオ

例題で学ぶ
はじめての無機化学　錯体・各論編

2020年 1月29日　初版　第1刷発行

著　者　山崎友紀、川瀬雅也
発行者　片岡　巌
発行所　株式会社技術評論社
　　　　東京都新宿区市谷左内町 21-13
　　　　電話　03-3513-6150　販売促進部
　　　　　　　03-3267-2270　書籍編集部
印刷／製本　日経印刷株式会社

定価はカバーに表示してあります。

ISBN978-4-297-11045-1 C3043
Printed in Japan

本書へのご意見、ご感想は、技術評論社ホームページ（https://gihyo.jp/）または以下の宛先へ、書面にてお受けしております。電話でのお問い合わせにはお答えいたしかねますので、あらかじめご了承ください。

〒162-0846
東京都新宿区市谷左内町 21-13
株式会社技術評論社　書籍編集部
『例題で学ぶはじめての無機化学I
錯体・各論編』係
FAX：03-3267-2271